T0193101

essentials

essentials liefern aktuelles Wissen in konzentrierter Form. Die Essenz dessen, worauf es als „State-of-the-Art" in der gegenwärtigen Fachdiskussion oder in der Praxis ankommt. *essentials* informieren schnell, unkompliziert und verständlich

- als Einführung in ein aktuelles Thema aus Ihrem Fachgebiet
- als Einstieg in ein für Sie noch unbekanntes Themenfeld
- als Einblick, um zum Thema mitreden zu können

Die Bücher in elektronischer und gedruckter Form bringen das Expertenwissen von Springer-Fachautoren kompakt zur Darstellung. Sie sind besonders für die Nutzung als eBook auf Tablet-PCs, eBook-Readern und Smartphones geeignet. *essentials:* Wissensbausteine aus den Wirtschafts-, Sozial- und Geisteswissenschaften, aus Technik und Naturwissenschaften sowie aus Medizin, Psychologie und Gesundheitsberufen. Von renommierten Autoren aller Springer-Verlagsmarken.

Weitere Bände in der Reihe http://www.springer.com/series/13088

Jörg Lange · Tatjana Lange

Mathematische Grundlagen der Digitalisierung

Kompakt, visuell, intuitiv verständlich

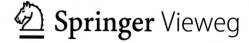 Springer Vieweg

Jörg Lange
Schwielowsee, Deutschland

Tatjana Lange
Schwielowsee, Deutschland

ISSN 2197-6708   ISSN 2197-6716   (electronic)
essentials
ISBN 978-3-658-26685-1   ISBN 978-3-658-26686-8   (eBook)
https://doi.org/10.1007/978-3-658-26686-8

Die Deutsche Nationalbibliothek verzeichnet diese Publikation in der Deutschen Nationalbiblio-
grafie; detaillierte bibliografische Daten sind im Internet über http://dnb.d-nb.de abrufbar.

Springer Vieweg
© Springer Fachmedien Wiesbaden GmbH, ein Teil von Springer Nature 2019
Das Werk einschließlich aller seiner Teile ist urheberrechtlich geschützt. Jede Verwertung, die
nicht ausdrücklich vom Urheberrechtsgesetz zugelassen ist, bedarf der vorherigen Zustimmung
des Verlags. Das gilt insbesondere für Vervielfältigungen, Bearbeitungen, Übersetzungen,
Mikroverfilmungen und die Einspeicherung und Verarbeitung in elektronischen Systemen.
Die Wiedergabe von allgemein beschreibenden Bezeichnungen, Marken, Unternehmensnamen
etc. in diesem Werk bedeutet nicht, dass diese frei durch jedermann benutzt werden dürfen. Die
Berechtigung zur Benutzung unterliegt, auch ohne gesonderten Hinweis hierzu, den Regeln des
Markenrechts. Die Rechte des jeweiligen Zeicheninhabers sind zu beachten.
Der Verlag, die Autoren und die Herausgeber gehen davon aus, dass die Angaben und
Informationen in diesem Werk zum Zeitpunkt der Veröffentlichung vollständig und korrekt
sind. Weder der Verlag, noch die Autoren oder die Herausgeber übernehmen, ausdrücklich oder
implizit, Gewähr für den Inhalt des Werkes, etwaige Fehler oder Äußerungen. Der Verlag bleibt
im Hinblick auf geografische Zuordnungen und Gebietsbezeichnungen in veröffentlichten Karten
und Institutionsadressen neutral.

Springer Vieweg ist ein Imprint der eingetragenen Gesellschaft Springer Fachmedien Wiesbaden
GmbH und ist ein Teil von Springer Nature
Die Anschrift der Gesellschaft ist: Abraham-Lincoln-Str. 46, 65189 Wiesbaden, Germany

Was Sie in diesem *essential* finden können

- Eine kurze Darstellung der unterschiedlichen in Natur und Technik anzutreffenden Signaltypen.
- Eine knappe und konzentrierte Wiederholung der wichtigsten Aussagen der klassischen Fourier-Transformation als mathematisches Werkzeug zur Beschreibung analoger Signale und Systeme in dem Umfang, soweit es zum Verständnis der nachfolgenden Kapitel notwendig ist.
- Eine visuelle Darstellung des Zusammenhangs zwischen abgetasteten und periodischen Signalen im Zeitbereich und im Frequenzbereich.
- Eine auf dem Zusammenhang zwischen Abtastung und Periodifizierung basierende Herleitung des Abtasttheorems als Grundlage für die Digitalisierung analoger Signale.
- Eine kurze Aussage zur Quantisierung abgetasteter Signale als notwendiges Element der Digitalisierung und eine verbale Bewertung des dabei entstehenden Quantisierungsrauschens.
- Eine weitgehend visuelle Herleitung der Diskreten Fourier-Transformation unter Verwendung des Zusammenhangs zwischen Abtastung und Periodifizierung und des Abtasttheorems.
- Eine einfache Beispielrechnung für die Diskrete Transformation eines aperiodischen Kosinusquadrat-Signals.
- Eine detaillierte Herleitung der Formelbeziehungen für die Diskrete Fourier-Transformation (für diejenigen Leser, die es etwas genauer wissen wollen).
- Eine robuste und stark vereinfachte Darstellung der Grundprinzipien des Mehrkanal-Multiplexverfahrens und des Orthogonalen Frequenzmultiplexverfahrens bzw. Orthogonal Frequency Division Multiplexing (OFDM), das u. a. bei der schnellen drahtlosen Datenübertragung im mobilen Internet zum Einsatz kommt.

Vorwort

In Studentenkreisen zählt das Thema Fourier-Transformation (gewöhnlich verpackt in „Signal- und Systemtheorie" oder „Theoretische Grundlagen der Regelungstechnik") meist zu den gefürchtetsten und damit unbeliebten Themen.

Nachdem wir bereits versucht haben, diese komplexe Materie unter weitgehender Nutzung visueller Mitteln für die „analoge Welt" anschaulich zu erklären (siehe Lange und Lange 2019), wagen wir uns nun an eine noch schwierigere Aufgabe – die Darstellung der Fourier-Transformation für die „digitale Welt". Dabei soll dieses *essential* einen Beitrag zum besseren Verständnis einiger wichtiger Elemente der Digitalisierung leisten. Dazu werden ausgewählte Grundlagen, die im engen Zusammenhang mit der Fourier-Transformation stehen, anschaulich beschrieben und erklärt.

Damit wendet sich dieses *essential* hauptsächlich an Studenten von MINT-Fächern, aber auch an Absolventen, die ihre diesbezüglichen Kenntnisse auffrischen und/oder erweitern wollen. Es kann ebenso für all diejenigen nützlich sein, die sich mit Zeitreihen und Prognose beschäftigen.

In diesem *essential* fokussieren wir auf zwei Dinge – das Abtasttheorem und die Diskrete Fourier-Transformation.

Das Abtasttheorem ist ein Kernpfeiler der modernen Digitaltechnik. Es beantwortet die Frage, warum wir Signale, die von Natur aus analog sind, wie z. B. unsere Sprache oder Musik, überhaupt in digitaler Form übertragen, verarbeiten und speichern können. Man kann es auf eine kurze Formel bringen – ohne Abtasttheorem kein digitaler Mobilfunk und kein MP3-Player.

Damit ist die Bedeutung der Fourier-Transformation für die digitale Welt jedoch keineswegs ausgeschöpft. Wenn wir heute von Digitalisierung sprechen, haben wir auch die immer umfangreichere Vernetzung von Menschen und Maschinen im Auge. Vernetzung bedeutet schnellen Datenaustausch in extrem großen Mengen über drahtgebundene und drahtlose Übertragungskanäle. Dabei unterliegen insbesondere die drahtlosen Übertragungskapazitäten einer natürlichen Begrenzung. Um unter diesen Randbedingungen trotzdem immer mehr Daten immer schneller übertragen zu können, bedarf es ausgeklügelter technischer Verfahren, die die zur Verfügung stehenden Bandbreiten maximal nutzen. Hier kommt die diskrete Fourier-Transformation ins Spiel, der wir einen großen Teil dieses *essential* widmen. Dabei erläutern wir diese nicht nur mithilfe vieler Abbildungen, sondern ergänzen sie auch durch ein Rechenbeispiel und zeigen schließlich ihre Anwendung im Rahmen des OFDM-Verfahrens, welches wiederum das Kernstück der Übertragungstechnik im schnellen mobilen Internet (4G/LTE und 5G) ist.

Für die kritische Durchsicht des Textes sind wir unserem Kollegen Karl Mosler zu aufrichtigen Dank verpflichtet.

Unser Dank gilt natürlich auch dem Springer Verlag, der das Erscheinen dieses Büchleins möglich gemacht hat, und ganz besonders Frau Iris Ruhmann und Frau Dr. Angelika Schulz für die fruchtbare und jederzeit hilfreiche und kooperative Zusammenarbeit und Unterstützung.

Schwielowsee, Deutschland   Jörg Lange
Im April 2019   Tatjana Lange

Inhaltsverzeichnis

Einleitung 1

Wir als Autoren haben uns oft gefragt, was wohl die verschiedenen Menschen, insbesondere auch unsere Politiker meinen, wenn sie mit dem Schlagwort „Digitalisierung" operieren? Sicher meinen sie damit nicht (nur), dass jedem Schüler ein Smartphone zugänglich gemacht wird und dass in jeder Schule massenhaft Tablets vorhanden sind, denn die Computer nehmen uns das Denken nicht ab und konstruieren ohne den Menschen auch keine Brücken. Natürlich helfen sie dem Ingenieur beim Brückenbau, aber sie sind und bleiben ein von Menschen geschaffenes Werkzeug.

Schaut man z. B. in den Brockhaus, so wird dort die **Digitalisierung** zunächst klassisch als Umwandlung analoger Signale in digitale Daten definiert, die mit Computern weiterverarbeitet werden können (Brockhaus o. J.). Es folgt dann aber sofort der Hinweis auf ein erweitertes Verständnis der Digitalisierung als ein zunehmend alle Lebensbereiche durchdringender Prozess. Dieser Prozess ist geprägt durch solche Anwendungen wie GPS, CD, Mobilfunk, Robotik, DVD, Digitalkamera, digitale Videokamera, Digitalfernsehen, Digitalrundfunk usw. bis hin zu selbstfahrenden Autos. Das Kernstück dieses Prozesses ist die auf Internet und mobiler Kommunikation basierende **Vernetzung** aller beteiligter Komponenten (Menschen und Maschinen), die wir als eine Art „Nervensystem" der Digitalisierung interpretieren können.

Mit dem Hinweis auf die Vernetzung nähern wir uns einem Hauptgegenstand dieses *essential,* der sich allerdings hinter den Begriffen Diskrete Fourier-Transformation (DFT) und Orthogonal Frequency Division Multiplexing (OFDM) versteckt. Dieses OFDM-Verfahren wird heute in (fast) allen superschnellen digitalen Übertragungsverfahren genutzt, so im Mobilfunk der 4. und 5. Generation (4G/LTE und 5G), beim WLAN, beim digitalen Fernsehen und Rundfunk. Damit dürfte die Bedeutung für die Digitalisierung unserer Welt hinreichend umrissen sein.

© Springer Fachmedien Wiesbaden GmbH, ein Teil von Springer Nature 2019
J. Lange und T. Lange, *Mathematische Grundlagen der Digitalisierung,*
essentials, https://doi.org/10.1007/978-3-658-26686-8_1

Bevor wir uns aber diesen beiden Themen widmen, müssen wir aus historischen und auch aus didaktischen Gründen auf das Abtasttheorem eingehen. Dieses Theorem beantwortet nämlich die Frage, wieso und unter welchen Voraussetzungen wir analoge Signale in digitale Signale verwandeln und andererseits digitale Signale wieder in analoge Signale zurückverwandeln können. Dieses Abtasttheorem fand seine großflächige Anwendung erstmals Ende der 70-iger/ Anfang der 80-iger Jahre mit der Einführung der digitalen Festnetztelefonie (ISDN). Bei der damals verwendeten Pulse Code Modulation (PCM) wurde unser analoges Sprachsignal zunächst frequenzmäßig auf 3,4 kHz begrenzt, dann alle 125 µs abgetastet und jeder Abtastwert mit 8 bit kodiert, woraus sich die ISDN-Übertragungsrate von 64 kbit/s ergab.

Das Abtasttheorem, das wir mittels Betrachtungen zur Abtastung und Periodifizierung von Zeitsignalen und ihren spektralen Amplitudendichten herleiten werden, hilft uns aber auch zu verstehen, wie man von der „klassischen analogen" Fourier-Transformation zur Diskreten Fourier-Transformation kommt.

Um nun wiederum die Herleitung des Abtasttheorems in der hier vorgestellten Form zu verstehen, bedarf es einiger Basiskenntnisse bzgl. der „analogen" Fourier-Transformation, die in Lange und Lange (2019) erläutert wurden und die am Anfang dieses *essential* auszugsweise und im Telegrammstil kurz wiederholt werden.

Damit ist eine in sich geschlossene Darstellung des Themas gegeben, die unseren Lesern helfen soll, weiterführenden und tiefergehenden Lehrstoff, wie er typischerweise an Hochschulen vermittelt wird, besser zu verstehen und auch ein „Bauchgefühl" für die Welt der (digitalen) Fourier-Transformation zu entwickeln.

Analoge, diskrete und digitale Signale 2

Bevor wir zu eigentlichen Thema kommen, müssen wir uns etwas mit den unterschiedlichen Arten von (Zeit-) Signalen beschäftigen, die wir in Natur und Technik antreffen und die in Form einer Übersicht an Abb. 2.1 schematisch dargestellt sind. Dazu ist anzumerken, dass ein deterministisches Signal (hier die Gauß-Funktion) und ein stochastisches Signal jeweils analog, diskret oder digital (hier binär) repräsentiert werden können.

Die in der Technik verwendeten Signale, z. B. Testsignale oder auch bestimmte Impulse als Träger der Information, sind gewöhnlich deterministische Signale, die sich eindeutig mathematisch beschreiben lassen, wie z. B. Rechteckfunktionen, Gauß-Funktionen, Kosinusfunktionen usw.

In der Natur treffen wir meist stochastische, also Zufallssignale an, z. B. Temperatur- und Luftdruckschwankungen oder auch unsere Sprache und Musik, die sowohl bezüglich der gesprochenen bzw. vertonten Inhalte als auch bezüglich der konkreten Ausführung (Pavarotti singt dieselbe Arie anders als Carreras) zufällig sind. Solche Signale können wir nur mit gemittelten Werten, z. B. der mathematischen Erwartung, oder mit mittelnden Funktionen, wie z. B. der Autokorrelationsfunktion oder ihrer korrespondierenden spektralen Leistungsdichte, beschreiben.

Wir betrachten im Weiteren hauptsächlich analoge und zeitdiskrete Signale, wobei wir in den Abbildungen und Beispielen mit deterministischen Signalen arbeiten. Die Erkenntnisse dieses *essential*, wie z. B. die Aussagen des Abtasttheorems oder die Transformationsvorschriften der Diskreten Fourier-Transformation, können aber durchaus auch auf stochastische Signale (z. B. Sprachsignale) übertragen werden.

© Springer Fachmedien Wiesbaden GmbH, ein Teil von Springer Nature 2019
J. Lange und T. Lange, *Mathematische Grundlagen der Digitalisierung,*
essentials, https://doi.org/10.1007/978-3-658-26686-8_2

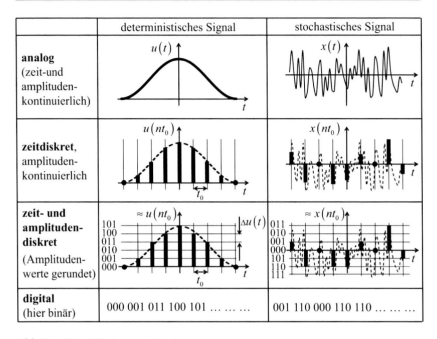

	deterministisches Signal	stochastisches Signal
analog (zeit-und amplituden-kontinuierlich)	$u(t)$	$x(t)$
zeitdiskret, amplituden-kontinuierlich	$u(nt_0)$	$x(nt_0)$
zeit- und amplituden-diskret (Amplituden-werte gerundet)	$\approx u(nt_0)$ 101 100 011 010 001 000	$\approx x(nt_0)$ 011 010 001 000 101 110 111
digital (hier binär)	000 001 011 100 101 … … …	001 110 000 110 110 … … …

Abb. 2.1 Klassifikation von Signalen

Theoretische Voraussetzungen für die Wandlungen analoger in digitale Signale

3

3.1 Spektrale Darstellung analoger Signale

Nachdem wir uns daran erinnert haben, dass es wichtige Informationsformen gibt, die durch analoge Signale getragen werde, wie zum Beispiel unsere Sprache und Musik, stellt sich die Frage, wie und unter welchen Voraussetzungen wir diese Signale zunächst digitalisieren und am Ende auch wieder aus den digitalen Signalen zurückgewinnen können.

Diese Fragen wollen wir mithilfe des **Abtasttheorems** beantworten, das wir nachfolgend mithilfe der der Fourier-Transformation herleiten werden. Das Abtasttheorem oder auch WKS- bzw. Whittaker-Kotelnikow-Shannon-Theorem wurde bereits 1933 von W. A. Kotelnikow und unabhängig davon 1948 von C. E. Shannon formuliert, wobei die Theorie der Kardinalfunktionen von E. T. Whittaker eine wichtige Basis bildete.

Wir wollen hier zur Herleitung des Abtasttheorems die **Fourier-Transformation** nutzen, die unserer Meinung nach eine besonders anschauliche und leicht verständliche Erklärung dieses Theorems erlaubt.

Allerdings müssen wir den Leser bitten, sich die Grundlagen der Beschreibung analoger Signale mittels Fourier-Transformation in Erinnerung zu rufen, die z. B. in Lange und Lange (2019) kompakt beschrieben sind. Die wichtigsten Aussagen dieses *essential* sollen nachfolgend kurz aufgelistet werden:

© Springer Fachmedien Wiesbaden GmbH, ein Teil von Springer Nature 2019
J. Lange und T. Lange, *Mathematische Grundlagen der Digitalisierung*,
essentials, https://doi.org/10.1007/978-3-658-26686-8_3

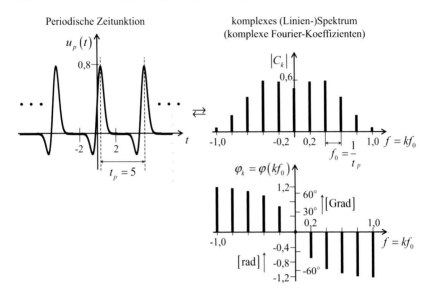

Abb. 3.1 Beispiel für die Darstellung komplexer diskreter Spektren (komplexer Fourier-Koeffizienten)

1. Reale periodische Zeitsignale[1], wie z. B. in Abb. 3.1 links dargestellt, können mithilfe der Fourier-Reihe durch Summierung harmonischer Kosinus- und oder Sinusschwingungen nachgebildet werden:

$$u_p(t) = A_0 + \sum_{k=1}^{+\infty} A_k \cos\left(2\pi k f_0 t + \varphi_k\right) = \frac{a_0}{2} + \sum_{k=1}^{+\infty} \left[a_k \cos\left(2\pi k f_0 t\right) + b_k \sin\left(2\pi k f_0 t\right)\right]$$

2. Neben diesen beiden Schreibweisen der Fourier-Reihe bevorzugen wir die nachfolgende Schreibweise mit komplexen Fourier-Koeffizienten, die auf der Anwendung der Eulerschen Formel $e^{jx} = \cos(x) + j\sin(x)$ basiert[2]:

$$u_p(t) = \sum_{k=-\infty}^{+\infty} C_k e^{j2\pi k f_0 t}$$

---

[1]Streng mathematisch müssen die periodischen Funktionen absolut integrierbar sein. Des Weiteren dürfen sie keine Unstetigkeiten 2. Art besitzen und die Anzahl der Unstetigkeiten 1. Art und der Extremwerte innerhalb einer Periode muss endlich sein.

[2]Wir verwenden hier zur Bezeichnung der imaginären Einheit komplexer Zahlen die in der Elektrotechnik übliche Notation $j = \sqrt{-1}$ anstelle von $i = \sqrt{-1}$.

Zur Darstellung der komplexen Fourier-Koeffizienten verwenden wir üblicherweise nicht die kartesische Notation $C_k = \text{Re}\{C_k\} + j\text{Im}\{C_k\}$, sondern die **Polarform**

$$C_k = |C_k| \cdot e^{j\varphi_k},$$

wobei $|C_k| = \sqrt{(\text{Re}\{C_k\})^2 + (\text{Im}\{C_k\})^2}$ und $\varphi_k = \arctan\left(\frac{\text{Im}\{C_k\}}{\text{Re}\{C_k\}}\right)$.

In der Polarform stellt $e^{j\varphi_k}$ einen Einheitsvektor in der komplexen Zahlenebene dar, der um den Winkel φ_k gedreht ist. Auch der Operator $e^{j2\pi kf_0t}$ ist ein solcher Einheitsvektor, der sich in der komplexen Zahlenebene dreht. Dabei werden Drehungen gegen den Uhrzeigersinn, also wenn $f_k = k \cdot f_0 \geq 0$, als Drehungen in positiver Richtung interpretiert und Drehungen im Uhrzeigersinn, also wenn $f_k = k \cdot f_0 < 0$, als Drehungen in negativer Richtung. Dadurch entsteht auch die mathematische Abstraktion einer „negativen Frequenz", wie z. B. in Abb. 3.1, die einer Drehung des Drehzeigers $e^{j2\pi(-kf_0)t} = e^{-j2\pi kf_0t}$ im Uhrzeigersinn entspricht[3].

3. Der Zusammenhang zwischen den Koeffizienten dieser drei Schreibweisen ist wie folgt gegeben:

$$\text{Für } k = 0: \; A_0 = \frac{a_0}{2} = C_0$$

Für $k = 1, 2, \ldots$

$$A_k = \sqrt{a_k^2 + b_k^2} = 2|C_k|,$$

$$a_k = A_k \cdot \cos(\varphi_k) = 2|C_k| \cdot \cos(\varphi_k),$$

$$b_k = -A_k \cdot \sin(\varphi_k) = -2|C_k| \cdot \sin(\varphi_k),$$

$$C_k = \frac{a_k}{2} - j\frac{b_k}{2} = |C_k| \cdot e^{j\varphi_k}, \quad |C_k| = \frac{1}{2}\sqrt{a_k^2 + b_k^2},$$

$$\varphi_k = -\arctan\left(\frac{b_k}{a_k}\right), \quad \varphi_{(-k)} = -\varphi_k$$

---

[3]In der Literatur wird auch oft mit der Kreisfrequenz $\omega = 2\pi \cdot f$ gearbeitet. „Positive" Kreisfrequenzen $\omega \geq 0$ entsprechen einer Drehung des Drehzeigers gegen den Uhrzeigersinn, während „negative" Kreisfrequenzen $\omega < 0$ mit einer Drehung im Uhrzeigersinn korrespondieren.

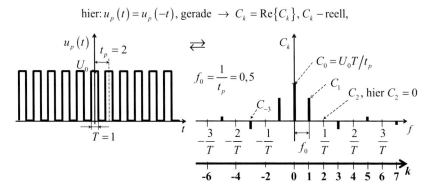

Abb. 3.2 Gerade periodische Rechteckfolge und korrespondierendes reelles Linienspektrum

4. Die komplexen Fourier-Koeffizienten $C_k = |C_k| \cdot e^{j\varphi_k}$ lassen sich aus der gegebenen periodischen Zeitfunktion $u_p(t)$ wie folgt berechnen:

$$C_k = \frac{1}{t_p} \cdot \int_{-t_p/2}^{t_p/2} u_p(t) \cdot e^{-j2\pi k f_0 t} dt$$

5. Die (komplexen) Fourier-Koeffizienten werden üblicherweise als diskretes (Linien-)Spektrum grafisch dargestellt, wobei man für komplexe Koeffizienten Betrag und Phase in 2 getrennten Grafiken zeigt (Abb. 3.1).

6. Für gerade Zeitfunktionen, für die die Beziehung $u(t) = u(-t)$ gilt, sind die Fourier-Koeffizienten C_k immer reell. Dadurch vereinfacht sich die spektrale Darstellung, da es keine darzustellenden imaginären Komponenten gibt (Abb. 3.2).
   Nachfolgen werden wir uns aus Gründen der Anschaulichkeit auf gerade Zeitfunktionen beschränken.

7. *Mit größer werdender Periode eines gegebenen periodischen Signals $u_p(t)$ rücken die* Spektrallinien näher zusammen, die Form der Hüllkurve ändert sich jedoch nicht, wie in Abb. 3.3 gezeigt. Das „vertikale Schrumpfen" der Hüllkurve kann man kompensieren, indem man die Fourier-Koeffizienten C_k mit der Periode t_p multipliziert, wie ebenfalls in Abb. 3.3 dargestellt.

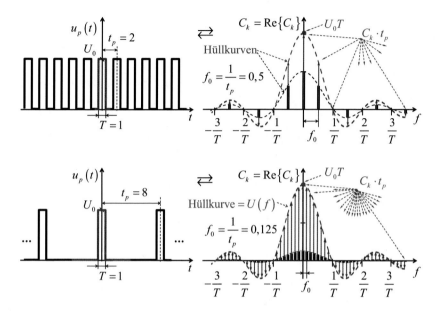

Abb. 3.3 Zusammenhang zwischen Periode und „Dichte" der Spektrallinien → Übergang von periodischer zu aperiodischer Funktion

8. Mit dem Grenzübergang $t_p \to \infty$ bzw. $f_0 \to 0$ kommen wir vom periodischen Zeitsignal $u_p(t)$ zum **aperiodischen** Zeitsignal $u(t)$. Das diskrete Linienspektrum verwandelt sich dabei in ein kontinuierliches Spektrum, das uns die sogenannte **spektrale Amplitudendichte** $U(f)$ zeigt, welche identisch mit den roten Hüllkurven in Abb. 3.3 ist. Es gilt also:

$$U(f) = \lim_{\substack{t_p \to \infty \\ f_0 \to 0}} \left(C_k \cdot t_p \right) = \lim_{\substack{t_p \to \infty \\ f_0 \to 0}} \int_{-t_p/2}^{t_p/2} u_p(t) e^{-2j\pi k f_0 t} dt = \int_{-\infty}^{\infty} u(t) e^{-j2\pi f t} dt$$

wobei $k f_0 \to f$ für $f_o \to 0$ bzw. $t_p \to \infty$

und $u_p(t) = u(t)$ für $-t_p/2 \le t \le t_p/2$

Andererseits ergibt sich infolge von $t_p \to \infty$ bzw. $f_0 = \Delta f \to 0$ auch:

$$u(t) = \lim_{t_p \to \infty} u_p(t) = \lim_{\Delta f \to 0} \sum_{k=-\infty}^{+\infty} \frac{C_k}{\Delta f} \cdot e^{+j2\pi k \Delta f t} \cdot \Delta f = \int_{-\infty}^{+\infty} U(f) \cdot e^{+j2\pi f t} df$$

9. Damit haben wir zusammenfassend die mathematischen Beziehungen für die Fourier-Transformation analoger Signale, die wir nachfolgend benötigen
   a) Periodische Zeitsignale:

$$u_p(t) = \sum_{k=-\infty}^{+\infty} C_k \cdot e^{j2\pi kf_0 t} \;\; \rightleftarrows \;\; C_k = \frac{1}{t_p} \cdot \int_{-t_p/2}^{t_p/2} u_p(t) \cdot e^{-j2\pi kf_0 t} dt$$

   b) Aperiodische Zeitsignale

$$u(t) = \int_{-\infty}^{+\infty} U(f) \cdot e^{+j2\pi ft} df \;\; \rightleftarrows \;\; U(f) = \int_{-\infty}^{+\infty} u(t) \cdot e^{-j2\pi ft} dt$$

10. Betrachten wir die Transformationsvorschriften für aperiodische Zeitsignale, so fällt auf, dass sie bis auf das Vorzeichen im Exponenten der Exponentialfunktion **symmetrisch** sind. Das bedeutet, dass die funktionalen Zusammenhänge austauschbar sind: Während z. B. eine rechteckförmige Zeitfunktion als Spektrum eine si-Funktion besitzt, besitzt eine si-förmige Zeitfunktion eine rechteckförmige Spektralfunktion, wie am Anfang von Abschn. 3.2 gezeigt.

11. Wichtige **Eigenschaften** dieser Fourier-Transformation sind:

   – Wenn $u(t) \rightleftarrows U(f)$ und K eine zeit- und frequenzunabhängige Konstante ist, dann gilt:

$$K \cdot u(t) \;\; \rightleftarrows \;\; K \cdot U(f)$$

   – Wenn $u_1(t) \rightleftarrows U_1(f)$ und $u_2(t) \rightleftarrows U_2(f)$, dann gilt:

$$[u_1(t) + u_2(t)] \;\; \rightleftarrows \;\; \left[U_1(f) + U_2(f) \right]$$

   – Gerade reelle Zeitfunktionen besitzen gerade reelle Spektralfunktionen und ungerade reelle Zeitfunktionen ungerade imaginäre Spektralfunktionen.

   – Reelle Zeitfunktionen, die im Allgemeinen aus einer geraden und einer ungeraden Komponente bestehen, also $u(t) = u_{\text{ger}}(t) + u_{\text{ung}}(t)$, haben Spektralfunktionen mit einem geraden Realanteil und einem ungeraden Imaginäranteil.

   – Die Verschiebung einer Zeitfunktion bedeutet Multiplikation der Spektralfunktion mit einem Drehzeiger; die Verschiebung einer Spektralfunktion bedeutet Multiplikation der Zeitfunktion mit einem Drehzeiger **(Verschiebungssatz):**

$$u(t - t_0) \rightleftarrows U(f) \cdot e^{-j2\pi t_0 f} \;\; \text{bzw.} \;\; u(t) \cdot e^{+j2\pi f_0 t} \rightleftarrows U(f - f_0)$$

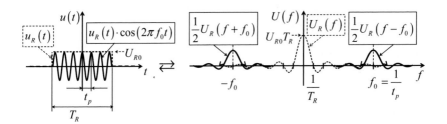

Abb. 3.4 Amplitudenmoduliertes Rechtecksignal und seine spektrale Amplitudendichte

Mit der Eulerschen Formel $\left(e^{-j2\pi f_0 t} + e^{+j2\pi f_0 t}\right) = 2 \cdot \cos\left(2\pi f_0 t\right)$ ergibt sich daraus die wichtige Transformationsvorschrift für ein amplitudenmoduliertes Signal, wie als Beispiel in Abb. 3.4 gezeigt:

$$u(t) \cdot \cos\left(2\pi f_0 t\right) \ \rightleftarrows \ 0{,}5 \cdot \left[U(f - f_0) + U(f + f_0)\right]$$

– Die Stauchung oder Streckung einer Zeitfunktion $u(t)$ durch Multiplikation ihrer Variablen t mit einem positiven reellen Faktor a entspricht einer Streckung oder Stauchung der korrespondierenden Spektralfunktion (**Ähnlichkeitssatz**):

$$u(at) \ \rightleftarrows \ \frac{1}{a}U\left(\frac{f}{a}\right), \quad a > 0, \ \text{reell}$$

– Die Fläche unter der Spektralfunktion $U(f)$ ist gleich dem Wert der Zeitfunktion $u(t)$ an der Stelle $t = 0$:

$$u(t = 0) = u(0) = \int\limits_{-\infty}^{\infty} U(f)df \qquad \text{Fläche unter } U(f) \ !$$

– Die Fläche unter der Zeitfunktion $u(t)$ ist gleich dem Wert der Spektralfunktion $U(f)$ an der Stelle $f = 0$:

$$U(f = 0) = U(0) = \int\limits_{-\infty}^{\infty} u(t)dt \qquad \text{Fläche unter } u(t) \ !$$

3.2   Fourier-Transformation ausgewählter Standard-Signale

Die nachfolgenden Formeln und Abbildungen zeigen uns die Transformationen wichtiger **Standard-Signale:**

Aperiodische Rechteckfunktion

$$u(t) = \begin{cases} U_0, & |t| \leq T/2 \\ 0, & \text{sonst} \end{cases} \quad \rightleftarrows \quad U(f) = U_0 \cdot T \cdot \frac{\sin(\pi Tf)}{(\pi Tf)} = U_0 \cdot T \cdot si(\pi Tf)$$

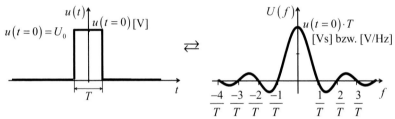

Aperiodische Rechteckfunktion $u(t)$ und dazugehörige Spektralfunktion $U(f)$

Aperiodische si-Funktion

$$u(t) = U(f=0) \cdot B_H \cdot \frac{\sin(\pi B_H t)}{(\pi B_H t)} \quad \rightleftarrows \quad U(f) = \begin{cases} U(f=0), & |f| \leq B_H/2 \\ 0, & \text{sonst} \end{cases}$$

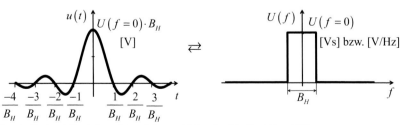

Aperiodische si-Funktion $u(t)$ und dazugehörige Spektralfunktion $U(f)$

Aperiodische Kosinusquadrat-Funktion

$$u(t) = \begin{cases} U_0 \cos^2\left(\pi \frac{t}{2T_H}\right) & \text{für } |t| \le T_H \\ 0 & \text{sonst} \end{cases} \quad \rightleftharpoons \quad U(f) = U_0 T_H \cdot \frac{\text{si}(\pi 2T_H f)}{1 - (2T_H f)^2}$$

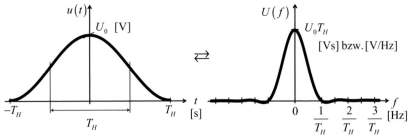

Aperiodische Kosinusquadrat-Funktion $u(t)$ und dazugehörige Spektralfunktion $U(f)$

Dirac-Funktion (Delta-Funktion, Stoß-Funktion)

Vorbemerkung: Die Dirac-Funktion ist eine mathematische Abstraktion, die wir folgt definiert ist:

$$\delta(t) \equiv 0 \quad \text{für } t \ne 0; \quad \int_{-\varepsilon}^{\varepsilon} \delta(t) dt = 1 \quad \text{für } \varepsilon > 0.$$

Die Dirac-Funktion ist also ein Impuls im Punkt $t = 0$, dessen Pulsbreite gegen Null und dessen Amplitude gegen Unendlich strebt, wobei die Fläche des Impulses gleich Eins ist.
Die Dirac-Funktion wird durch einen senkrechten Pfeil symbolisiert.
Warum behandeln wir hier diese abstrakte Funktion?
In der Praxis kann man bei Berechnungen bzw. mathematischen Modellierungen reale, hinreichend schmale Impulse näherungsweise durch die Dirac-Funktion ersetzen. Die Berechnungen werden dadurch viel einfacher und sind dennoch hinreichend genau. Gerade bei der für die Digitalisierung analoger Signale notwendigen Abtastung spielt dieser Ansatz, eine wichtige Rolle, ebenso bei der Behandlung der diskreten Fourier-Transformation.
    Nun zur **Transformation:**

$$u(t) = C_0 \delta(t) \quad \rightleftharpoons \quad U(f) = C_0$$

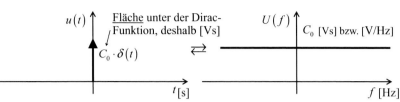

Dirac-Funktion und dazugehörige Spektralfunktion

Periodische Dirac-Folge (Dirac-Kamm)

$$u_p(t) = \sum_{m=-\infty}^{\infty} C_0\delta\big(t - mt_p\big) \quad \rightleftarrows \quad U(f) = f_0 \sum_{\mu=-\infty}^{\infty} C_0\delta(f - \mu f_0)$$

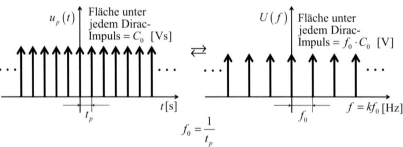

$$f_0 = \frac{1}{t_p}$$

Periodische Dirac-Folge im Zeitbereich und korrespondierende periodische Dirac-Folge im Frequenzbereich (Spektralfunktion)

Beachte: Die Periodifizierung einer Funktion $u(t)$ wird mathematisch durch den Ausdruck $u_p(t) = \sum_{m=-\infty}^{\infty} u\big(t - mt_p\big)$ beschrieben, wobei t_p die Periode ist (hier Darstellung für den Zeitbereich).

3.3   Eine wichtige Näherungsbeziehung für die Fourier-Transformation von Signalen

Näherungsbeziehung

Glockenähnliche Zeitfunktionen (Impulse) besitzen, wie in nachfolgender Abbildung gezeigt, glockenähnliche Spektralfunktionen (und umgekehrt). Ihre Parameter können näherungsweise mithilfe folgender Beziehungen ermittelt werden:

$$B_H \approx \frac{1}{T_H}, \quad U(f=0) \approx u(t=0) \cdot T_H, \quad u(t=0) \approx U(f=0) \cdot B_H$$

Hier sind T_H und B_H die jeweiligen Halbwertsbreiten der Signale, die an der Stelle gemessen werden, an denen die Signalwerte links und rechts vom Maximum auf die Hälfte der Amplitude abgefallen sind, wie in nachfolgender Abbildung gezeigt.

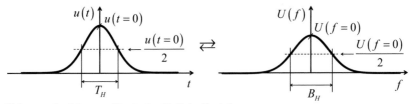

Näherungsbeziehungen für glockenähnliche Funktionen

3.4   Systembeschreibung mittels Fourier-Transformation

Die Fourier-Transformation erlaubt uns auch eine einfache Beschreibung bzw. mathematische Modellierung des Zusammenspiels zwischen Signalen und linearen[4] zeitinvarianten[5] Systemen.

Dazu beschreibt man das System durch seine (im Allgemeinen komplexe) Übertragungsfunktion $G(f) = |G(f)| \cdot e^{j\varphi(f)}$. Diese Übertragungsfunktion ist die Punkteschar der frequenzabhängigen Übertragungskoeffizienten $G(f_k) = |G(f_k)| \cdot e^{j\varphi(f_k)}$. Sie lassen sich punktweise ermitteln, indem man nacheinander am Systemeingang kosinusförmige Schwingungen unterschiedlicher Frequenz f_k anlegt und am Ausgang die jeweiligen Amplituden U_{2k} und die Signallaufzeiten Δt_k misst, wie in Abb. 3.5. dargestellt.

---

[4]Für lineare Systeme gilt das Superpositionsgesetz: Wenn $u_{21}(t)$ die Systemantwort (Ausgangssignal) auf ein Eingangssignal $u_{11}(t)$ ist und $u_{22}(t)$ die Systemantwort auf $u_{12}(t)$, dann ist $u_{23}(t) = K \cdot (u_{21}(t) + u_{22}(t))$ die Systemantwort auf ein Eingangssignal $u_{13}(t) = K \cdot (u_{11}(t) + u_{12}(t))$.

[5]Wenn das Systemverhalten zu jedem beliebigen Zeitpunkt identisch ist, spricht man von zeitinvarianten Systemen.

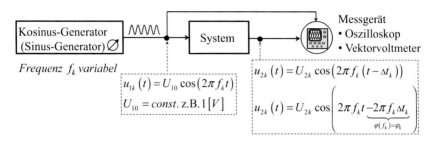

Abb. 3.5 Einfache Messanordnung zur punktweisen Ermittlung der Übertragungsfunktion (Übertragungskoeffizienten)

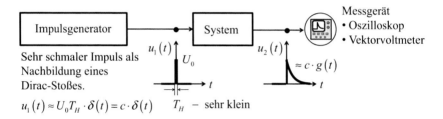

Abb. 3.6 Messanordnung zur Ermittlung der Gewichtsfunktion bzw. Stoßantwort

Daraus berechnet man den Betrag und die Phase der Übertragungskoeffizienten:

$$|G(f_k)| = \frac{U_{2k}}{U_1}, \quad \varphi_k = \varphi(f_k) = -2\pi f_k \Delta t_k$$

Die Übertragungsfunktion $G(f)$ ist aber auch die Fourier-Transformierte der Gewichtsfunktion bzw. Stoßantwort $g(t)$, die man erhält, wenn man am System-eingang einen Dirac-Stoß anlegt, der in der Praxis durch einen sehr schmalen Impuls näherungsweise nachgebildet wird (Abb. 3.6):

$$G(f) = \int\limits_{-\infty}^{+\infty} g(t) \cdot e^{-j2\pi ft} dt$$

Im Zeitbereich ermittelt man das Ausgangssignal $u_2(t)$ aus einem gegebenen Ein-gangssignal $u_1(t)$ bei bekannter Gewichtsfunktion $g(t)$ mittels Faltung:

$$u_2(t) = \int\limits_{-\infty}^{\infty} u(\tau) \cdot g(t-\tau) d\tau = u_1(t) * g(t)$$

Im Frequenzbereich berechnen wir die Spektralfunktion des Ausgangssignals durch einfache Multiplikation:

$$U_2(f) = U_1(f) \cdot G(f)$$

Die Ermittlung der Spektralfunktion des Eingangssignals $U_1(f)$ aus dem gegebenen Zeitsignal $u_1(t)$ ist unproblematisch, solange wir uns auf Standardsignale beschränken, wie auszugsweise oben dargestellt.

Für die Rücktransformation der Spektralfunktion $U_2(f)$ in das zeitliche Ausganssignal $u_2(t)$ helfen oftmals Näherungen, wie oben im Abschn. 3.3 dargestellt, oder wir nutzen die Diskrete Fourier-Transformation (Kap. 7). Ggf. gilt dies auch für die Transformation des Eingangssignals.

Abtastung und Periodifizierung

4

Wie aus Abb. 3.3 ersichtlich ist, besteht ein einfacher linearen Zusammenhang zwischen der Hüllkurve über den Fourier-Koeffizienten C_k einer periodischen Zeitfunktion $u_p(t)$ und der spektralen Amplitudendichte $U(f)$ einer aperiodischen Zeitfunktion $u(t)$, die im Bereich zwischen $+t_p/2$ und $-t_p/2$, mit der periodischen Funktion identisch ist:

$$u(t) = \begin{cases} u_p(t) & \text{für } -t_p/2 < t < +t_p/2 \\ 0 & \text{sonst} \end{cases}$$

Dieser funktionale Zusammenhang ist einzig und allein durch den Multiplikator t_p gegeben:

$$U(f_k) = t_p C_k$$

Andererseits wird im Zeitbereich die erzeugende Funktion $u(t)$, also die Funktion im Bereich zwischen $-t_p/2$ und $+t_p/2$, durch die Änderung der Periode nicht beeinflusst.

Daraus lässt sich folgende Schlussfolgerung ableiten: Wir können die Werte der Fourier-Koeffizienten C_k einer periodischen Zeitfunktion $u_p(t)$ aus der spektralen Amplitudendichte $U(f)$ der erzeugenden Funktion $u(t)$ ermitteln, indem wir in äquidistanten Abständen $f_0 = 1/t_p$ dieser spektralen Amplitudendichte die Werte $U(kf_0)$ entnehmen und diese durch die Periode t_p dividieren bzw. mit $f_0 = 1/t_p$ multiplizieren (Abb. 4.1):

$$C_k = \frac{U(kf_0)}{t_0} = f_0 \cdot U(kf_0)$$

Diesen Vorgang nennen wir **Abtastung.**

© Springer Fachmedien Wiesbaden GmbH, ein Teil von Springer Nature 2019
J. Lange und T. Lange, *Mathematische Grundlagen der Digitalisierung*,
essentials, https://doi.org/10.1007/978-3-658-26686-8_4

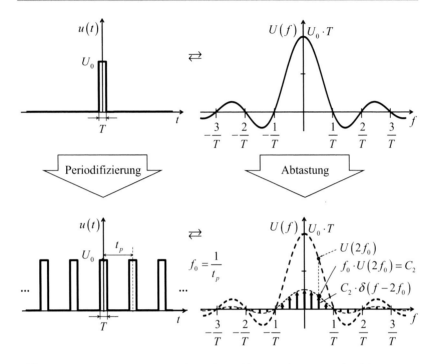

Abb. 4.1 Periodisierung im Zeitbereich bedeutet Abtastung im Frequenzbereich

Üblicherweise modelliert man die Abtastung durch Multiplikation der mit f_0 gewichteten abzutastenden Funktion $U(f)$ mit einer periodischen Folge von Dirac-Stößen bzw. mit einem „Dirac-Kamm" (siehe auch Abschn. 3.2):

$$A\{U(f)\} = f_0 \cdot U(f) \sum_{k=-\infty}^{+\infty} \delta(f - k \cdot f_0)$$

Dabei repräsentiert die Fläche unter dem Dirac-Stoß

$$f_0 \cdot U(f) \cdot \delta(f - k \cdot f_0) = f_0 \cdot U(k \cdot f_0) \cdot \delta(f - k \cdot f_0) = C_k \cdot \delta(f - k \cdot f_0)$$

den Wert des Fourier-Koeffizienten C_k.

Wir können also folgende **Regel** formulieren:

▶ **Regel**

„Periodifizierung im Zeitbereich bedeutet Abtastung im Frequenzbereich",
also

$$P\{u(t)\} \quad \rightleftarrows \quad A\{U(f)\}$$

wobei $A\{U(f)\} = f_0 \cdot U(f) \sum\limits_{k=-\infty}^{+\infty} \delta(f - k \cdot f_0)$ und $C_k = \frac{U(kf_0)}{t_0} = f_0 \cdot U(kf_0)$

Aufgrund der **Symmetrieeigenschaften** der Fourier-Transformation gilt aber auch umgedreht:

▶ **Regel**

„Periodifizierung im Frequenzbereich bedeutet Abtastung im Zeitbereich"
oder
„Abtastung im Zeitbereich bedeutet Periodifizierung im Frequenzbereich",
also

$$A\{u(t)\} \rightleftarrows P\{U(f)\}$$

Die Abtastung im Zeitbereich ist dabei wie folgt definiert:

$$A\{u(t)\} = t_0 \cdot u(t) \sum\limits_{n=-\infty}^{+\infty} \delta(t - n \cdot t_0)$$

Die Periodifizierungen werden mathematisch wie folgt beschrieben:

$$P[U(f)] = U_p(f) = \sum\limits_{m=-\infty}^{+\infty} U(f - m \cdot f_p)$$

$$P[u(t)] = u_p(t) = \sum\limits_{\mu=-\infty}^{+\infty} u(t - \mu \cdot t_p)$$

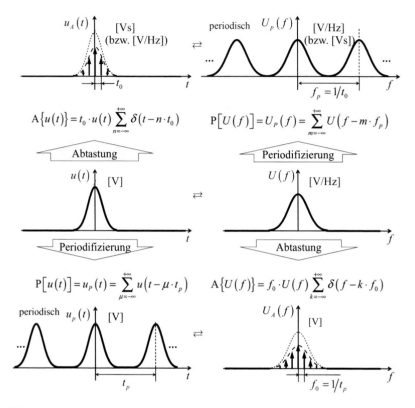

Abb. 4.2 Zusammenfassung Abtastung und Periodifizierung

Stellen wir nun die aperiodischen Funktion $u(t)$ und $U(f)$ in den Mittelpunkt, so ergibt sich das in Abb. 4.2 dargestellte zusammenfassende Schema.

Das Abtasttheorem

5

Mit den Erkenntnissen aus Kap. 4 wird es sehr leicht, das Abtasttheorem herzuleiten, das die Grundlage der modernen digitalen Ton- und Bildübertragung und Speicherung, z. B. im MP3- bzw. MP4-Format, bildet.

Wir betrachten hierzu ein frequenzmäßig begrenztes (bandbegrenztes) Signal, wie beispielsweise in Abb. 5.1 dargestellt, für dass gilt:

$$u(t) \rightleftarrows U(f), \; U(f) \equiv 0 \text{ für } |f| \geq f_g$$

Alle in der Technik real verwendeten Signale sind bandbegrenzt. Eine zusätzliche Begrenzung kann mit technischen Mitteln, z. B. mit sogenannten Tiefpass-Filtern, erreicht werden. So wurden in der digitalen Telefonie im Zusammenhang mit der Einführung der PCM-Technik Ende der 70-iger Jahre die Sprachsignale auf $f_g = 3,4[\text{kHz}]$ 3,4 kHz begrenzt, ohne dass dabei die Sprecheridentität verloren ging.

Für qualitätsvolle Ton- und insbesondere (Bewegt-)Bildaufzeichnungen sind die Grenzfrequenzen f_g deutlich höher, aber es gilt nach wie vor, dass diese Signale frequenzmäßig begrenzt sind bzw. begrenzt werden können.

Wenn wir nun dieses Signal im Zeitbereich abtasten, so besitzt das abgetastete Signal als Spektralfunktion die Periodisierte des ursprünglichen nichtabgetasteten Signals (Abb. 5.2).

Wenn wir das Abtastintervall t_0 klein genug wählen, sodass es bei der Periodisierung nicht zu einer Überlappung der periodisierten Original-Spektralfunktion $U(f)$ kommt, so können wir durch Tiefpass-Filterung die höheren spektralen Bestandteile unterdrücken, sodass das Spektrum des Signals am Ausgang des Tiefpasses identisch mit dem Spektrum des nichtabgetasteten Originalsignals $u(t)$ ist und wir damit das Originalsignal aus der Folge der Abtastimpulse bzw. dem abgetasteten Signal $u_A(t)$ zurückgewonnen haben (Abb. 5.3).

© Springer Fachmedien Wiesbaden GmbH, ein Teil von Springer Nature 2019
J. Lange und T. Lange, *Mathematische Grundlagen der Digitalisierung*,
essentials, https://doi.org/10.1007/978-3-658-26686-8_5

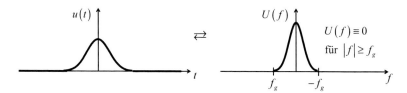

Abb. 5.1 Bandbegrenztes Signal (Beispiel: Der Anschaulichkeit halber zeigen wir hier im Zeitbereich ein impulsförmiges Signal. Die nachfolgenden Aussagen gelten jedoch auch für andere kontinuierliche Signale, wie z. B. für stochastische Signale (vgl. Abb. 2.1, rechts oben), also auch für Sprachsignale und Musik.)

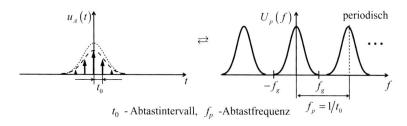

Abb. 5.2 Abgetastetes Nutzsignal und korrespondierende Spektralfunktion

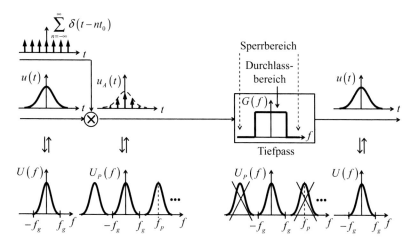

Abb. 5.3 Abtastung und Zurückgewinnung des Originalsignals durch Tiefpassfilterung

Wozu machen wir das alles, wenn wir am Ende doch „nur" das Originalsignal wiedergewinnen? Das abgetastete Signal $u_A(t)$, genauer die Folge der Abtastwerte

$$A\{u(t)\} = t_0 \cdot u(t) \sum_{n=-\infty}^{+\infty} \delta(t - n \cdot t_0),$$

repräsentiert eine Folge von Zahlen, die wir digital kodieren (bzw. quantisieren – siehe Kap. 6), übertragen, speichern und anderweitig verarbeiten können. Aber diese Zahlen werden von uns nicht mehr als Sprache, Musik oder Film wahrgenommen. Sie müssen also wieder in ihre ursprüngliche Form zurückverwandelt werden. Das passiert (nach anderen Zwischenschritten wie Dekodierung) durch die oben erwähnte Tiefpass-Filterung (Abb. 5.4).

Es steht nun die Frage im Raum, wie klein t_0 gewählt werden muss, damit eine verzerrungsfreie Abtastung gewährleistet wird. Diese Frage beantworten wir mithilfe der Abb. 5.5.

Aus Abb. 5.5 ist ersichtlich, dass eine spektrale Überlappung vermieden wird, wenn

$$\left(f_p - f_g\right) - f_g \geq 0.$$

Aus dieser Bedingung ergibt sich das **Abtasttheorem:**

$$f_p \geq 2f_g$$

wobei f_p auch Abtastfrequenz genannt wird. Mit $f_p = 1/t_0$ kommen wir zu einer alternativen Schreibweise für das Abtastintervall t_0:

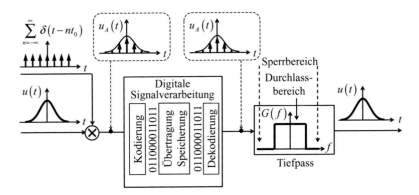

Abb. 5.4 Abtastung und digitale Verarbeitung analoger Signale (Ton, Bild)

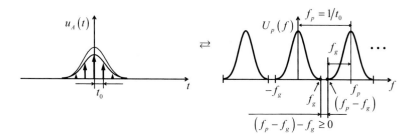

Abb. 5.5 Bedingungen für eine verzerrungsfreie Abtastung (Abtasttheorem)

$$t_0 \leq \frac{1}{2f_g}.$$

Dieses für die moderne Digitaltechnik fundamentale Theorem wird in der Literatur, wie bereits erwähnt, auch WKS- bzw. Whittaker-Kotelnikow-Shannon-Theorem genannt.

Quantisierung 6

Wenn wir ein analoges Signal in Übereinstimmung mit dem Abtasttheorem abtasten, so können wir, wenn wir einen idealen Tiefpass besitzen (wie in Abb. 5.4. gezeigt), das Originalsignal fehlerfrei aus den Abtastwerten zurückgewinnen. Allerdings gibt es einen solchen idealen Tiefpass mit rechteckförmiger Übertragungsfunktion nicht. Deshalb müssen wir die Abtastfrequenz f_p auf jeden Fall größer als $2f_g$ wählen. Trotzdem bleibt bei der Signalrückgewinnung ein kleiner Fehler, der aber in der Regel vernachlässigbar ist.

Aber dies ist nicht das Hauptproblem.

Nach der Abtastung haben wir zwar keine analogen Signale mehr, aber unsere zeitdiskreten Abtastwerte sind immer noch **amplitudenkontinuierlich**, d. h. die Anzahl der möglichen Werte, die so eine Abtastnadel annehmen kann, ist (theoretisch) unendlich groß. Das ist für eine Digitalisierung nicht brauchbar. Wir müssen also noch einen letzten Schritt vollziehen und die Abtastwerte in einer geeigneten Form runden bzw. quantisieren.

Dazu verwendet man typischerweise eine Quantisierungskennlinie (Abb. 6.1), die je nach Anwendung eine linear ansteigende Treppenfunktion oder auch eine nichtlinear ansteigende Treppenfunktion sein kann. Dabei bietet die nichtlinear ansteigende treppenförmige Kennlinie den Vorteil, bei gleichem Aussteuerbereich der Abtastwerte mit weniger Bit auskommen zu können (vgl. linke und rechte Seite der Abb. 6.1). In einigen Fällen, z. B. bei der Kodierung vom Sprachsignalen im ISDN mittels Pulse Code Modulation (PCM), ist das durchaus sinnvoll, da das menschliche Gehör bei großen Lautstärken gegenüber einer gröberen Quantisierung weniger empfindlich ist und wir dadurch mit kleineren Wortlängen arbeiten können, ohne Qualitätsverluste zu wahrzunehmen.

Wie aus Abb. 6.1 ersichtlich ist, entstehen bei der Quantisierung Rundungsfehler und damit Informationsverluste. Diese Informationsverluste können bei der Dekodierung, also bei der Rückwandlung der digitalen Werte in zeitdiskrete Impulse

© Springer Fachmedien Wiesbaden GmbH, ein Teil von Springer Nature 2019
J. Lange und T. Lange, *Mathematische Grundlagen der Digitalisierung,*
essentials, https://doi.org/10.1007/978-3-658-26686-8_6

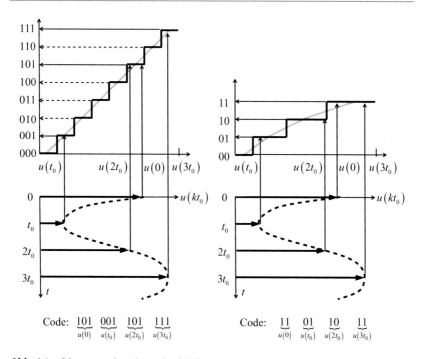

Abb. 6.1 „Linear-ansteigende" und „nichtlinear-ansteigende" treppenförmige Quantisierungs-kennlinien (Beispiel)

zwecks nachfolgender Tiefpassfilterung (Abb. 5.4) nicht mehr ausgeglichen werden. Wir sprechen in diesem Zusammenhang von einem Quantisierungsrauschen.

Durch geschickte Wahl der Wortlänge und der Quantisierungskennlinie kann das Quantisierungsrauschen jedoch so klein gehalten werden, dass es für die jeweilige Anwendung (z. B. digitale Musikaufzeichnung) vernachlässigbar ist und wir einen guten Kompromiss zwischen Qualität und Datenvolumen erreichen können.

Trotzdem stellt sich die Frage, warum wir dies alles in Kauf nehmen?

Die Fehlerwahrscheinlichkeit, die bei der Übertragung und bei der Speicherung digitaler Signale auftritt, ist deutlich kleiner als bei analogen Verfahren. Dazu eröffnet die digitale Signalverarbeitung früher ungeahnte Möglichkeiten. Man denke nur an die Musikerkennung oder an die verschiedensten modernen medizinischen Diagnoseapparate. Schließlich sind die digitalen Baugruppen trotz ihrer teilweise immensen Komplexität produktionstechnisch viel günsti-ger herstellbar als vergleichbare analoge Baugruppen. Das alles wiegt die oben beschriebenen Fehler um ein Mehrfaches auf.

Disktrete und schnelle Fourier-Transformation (DFT/FFT)

7

7.1 Motivation

Bis jetzt haben wir mit den Fourier-Integralen (und teilweise auch mit den Fourier-Reihen) gearbeitet. Mit Blick auf konkrete praktische Aufgaben müssen wir aber zugeben, dass die Berechnung dieser Fourier-Integrale

$$u(t) = \int\limits_{-\infty}^{+\infty} U(f) \cdot e^{+j2\pi ft} df \text{ und } U(f) = \int\limits_{-\infty}^{+\infty} u(t) \cdot e^{-j2\pi ft} dt$$

nicht immer ganz einfach ist. Oftmals können wir uns mit der sehr einfachen Näherungsbeziehung aus Abschn. 3.3 zufrieden geben, aber diese gelten nur für impulsförmige Funktionen, deren Form wenigsten grob einer Glocke ähnelt.

Bei komplizierteren Signalformen helfen uns diese Näherungsbeziehungen nicht wirklich.

Damit stellt sich die Frage, ob es im Zeitalter der Digitalisierung nicht numerische Berechnungsverfahren gibt, die es uns erlauben, die Fourier-Transformation OHNE die analytische Lösung von (ggf. sehr komplizierten) Integralen durchzuführen?

Eine solche Möglichkeit existiert mit der **diskreten Fourier-Transformation** (DFT), die wir nachfolgend herleiten wollen.

Zuvor sei jedoch angemerkt, dass die Implementierung der DFT in Form schneller numerischer Algorithmen (Programme) als schnelle Fourier-Transformation oder **Fast Fourier Transformation (FFT)** bezeichnet wird. In diesem Büchlein müssen wir uns auf die Basis der FFT, also auf die DFT, beschränken.

© Springer Fachmedien Wiesbaden GmbH, ein Teil von Springer Nature 2019
J. Lange und T. Lange, *Mathematische Grundlagen der Digitalisierung*,
essentials, https://doi.org/10.1007/978-3-658-26686-8_7

7.2 Von der Abtastung und Periodifizierung zur Diskreten Fourier-Transformation – ein visueller Erklärungsansatz

Wir betrachten eine **zeitlich begrenzte aperiodische Funktion** $u(t)$ (Signal, Impuls), deren spektrale Amplitudendichte $U(f)$ oberhalb einer bestimmten Grenzfrequenz verschwindend klein ist und somit bei praktischen Berechnungen gleich Null gesetzt werden kann (Abb. 7.1), also

$$u(t) \equiv 0 \quad \text{für} \quad t \leq -t_g \quad \text{oder} \quad t \geq +t_g$$

und

$$U(f) < \varepsilon \quad \text{wobei } \varepsilon \text{ sehr klein, für } f \leq -f_g \text{ oder } f \geq f_g.$$

Wichtige einschränkende Anmerkung:
Streng mathematisch können im Allgemeinen die beiden Funktionen $u(t)$ und $U(f)$ nicht gleichzeitig zeitbegrenzt und bandbegrenzt sein (vgl. Kreß, D. 1977)[1].
Wenn wir also im Weiteren (wie in Abb. 7.1) immer annehmen, dass bei $u(t) \equiv 0$ für alle $|t| \geq t_g$ auch $U(f) \equiv 0$ für alle $|f| \geq f_g$ sein kann und es folglich bei der Periodifizierung im Frequenzbereich zu keiner Überlappung kommt, so nehmen wir damit bewusst einen (möglichen) Fehler in Kauf, der jedoch durch die Wahl der Parameter N und t_0 (Abb. 7.2) bzw. N und f_0 (Abb. 7.3) beliebig klein gehalten werden kann. Allerdings muss uns in diesem Zusammenhang auch bewusst sein, dass damit die Ergebnisse der DFT nur Näherungslösungen darstellen.

Abb. 7.1 Fourier-Transformation für eine aperiodische Zeitfunktion (Beispiel)

---

[1]Diese theoretische Einschränkung demonstriert sehr schön, dass wir auch die besten mathematischen Modelle nicht mit der Realität verwechseln dürfen, denn in der uns umgebenden physikalischen Welt sind natürlich alle Signale zeitlich und auch frequenzmäßig begrenzt.

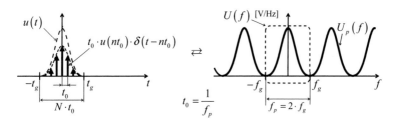

Abb. 7.2 Fourier-Transformation für eine **abgetastete** aperiodische Zeitfunktion (Beispiel)

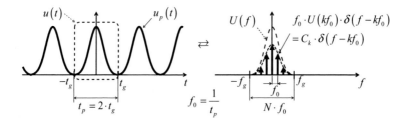

Abb. 7.3 Fourier-Transformation für eine **periodische** Zeitfunktion (Beispiel)

In Kap. 4 haben wir gelernt, dass die Abtastung eines Zeitsignals die Periodisierung seiner Spektralfunktion bewirkt (Abb. 7.2), also

$$A[u(t)] \rightleftarrows P\big[U(f)\big],$$

wobei

$$A[u(t)] = t_0 \cdot \sum_{n=-\infty}^{+\infty} u(n \cdot t_0) \cdot \delta(t - n \cdot t_0) \text{ und}$$

$$P\big[U(f)\big] = U_P(f) = \sum_{m=-\infty}^{+\infty} U\big(f - m \cdot f_p\big)$$

Dabei ist es wichtig, bei der Abtastung das Abtasttheorem einzuhalten, also $t_0 \le 1/2f_g$, damit es im Frequenzbereich zu keinen Überlappungseffekten bei der Periodifizierung kommt.

Ebenso gilt, dass die Periodifizierung der Funktion aus Abb. 7.1 die Abtastung ihres Spektrums bewirkt (Abb. 7.3), also

$$P[u(t)] \rightleftarrows A\big[U(f)\big],$$

wobei

$$P[u(t)] = u_p(t) = \sum_{\mu=-\infty}^{+\infty} u\big(t - \mu \cdot t_p\big) \quad \text{und}$$

$$A\big[U(f)\big] = f_0 \cdot \sum_{k=-\infty}^{+\infty} U(k \cdot f_0) \cdot \delta(f - k \cdot f_0)$$

Sowohl in Abb. 7.2 als auch in Abb. 7.3 sind die Flächen der Abtastnadeln (bzw. die Abtastwerte), symbolisch ausgedrückt durch die Höhe der Pfeile, proportional zum Kurvenverlauf der ursprünglichen aperiodischen Funktionen, die in diesen Abbildungen durch gestrichelte Linien dargestellt sind.

Wenn wir nun die periodische Zeitfunktion $u_p(t)$ abtasten, so hat das zur Folge, dass die abgetastete Spektralfunktion $A\big[U(f)\big]$ periodifiziert wird (Abb. 7.4), also

$$A\left\{ \underbrace{P[u(t)]}_{u_p(t)} \right\} \rightleftarrows P\big\{A\big[U(f)\big]\big\}$$

Wir haben es also auf beiden Seiten (im Zeitbereich und im Frequenzbereich) mit **Folgen von Zahlen** (Abtastwerten) zu tun, die durch die im Weiteren dargestellten mathematische Beziehungen eindeutig aufeinander abbildbar sind.

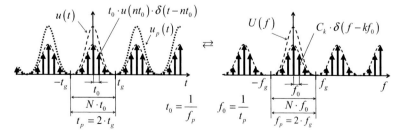

Abb. 7.4 Fourier-Transformation für eine abgetastete periodische Zeitfunktion (Beispiel)

Da sich diese Zahlenfolgen periodisch wiederholen (und in der Wiederholung keinerlei Information enthalten ist), reicht es aus, nur die Zahlenfolgen in den Bereichen $\left[-t_g < t < +t_g\right]$ bzw. $\left[-f_g < f < +f_g\right]$ zu betrachten (Abb. 7.5).

Da die Hüllkurven über den Abstastnadeln (bzw. den durch sie symbolisierten Abtastwerten) auf beiden Seiten proportional zu den Funktionsverläufen der ursprünglichen aperiodischen Original-Funktionen im Zeit- und Frequenzbereich sind, lassen sich aus diesen (aufeinander abbildbaren) Zahlenfolgen die Originalfunktionen wieder herstellen. Voraussetzung dafür ist allerdings die strikte Einhaltung des Abtasttheorems (Kap. 5) bei allen Operationen.

Die diskreten Fourier-Koeffizienten C_k lassen sich wie folgt aus den diskreten Werten der Original-Zeitfunktion $u(t)$ berechnen:

$$C_k = \frac{1}{N} \cdot \sum_{n=-N/2}^{(N/2)-1} u(n \cdot t_0) \cdot e^{-j2\pi \frac{k \cdot n}{N}}; \quad -N/2 \le k \le \left(N/2\right) - 1$$

Umgekehrt gilt für die Berechnung der diskreten Werte der Zeitfunktion aus den Fourier-Koeffizienten folgender Ausdruck:

$$u_p(n \cdot t_0) = \sum_{k=-N/2}^{(N/2)-1} C_k \cdot e^{j2\pi \frac{k \cdot n}{N}}; \quad -N/2 \le n \le \left(N/2\right) - 1$$

Mit $C_k = f_0 \cdot U(k \cdot f_0)$ und $N = 1/(t_0 \cdot f_0)$ kommen wir zu folgenden Beziehungen, die die Symmetrie der Fourier-Transformation besser widerspiegeln.

$$U(k \cdot f_0) = t_0 \cdot \sum_{n=-N/2}^{(N/2)-1} u(n \cdot t_0) \cdot e^{-j2\pi \frac{k \cdot n}{N}}; \quad -N/2 \le k \le \left(N/2\right) - 1$$

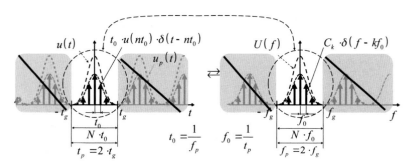

Abb. 7.5 Wechselseitige Abbildung der Abtastwerte der aperiodischen Originalfunktionen im Zeitbereich und im Frequenzbereich

$$u(n \cdot t_0) = f_0 \cdot \sum_{k=-N/2}^{(N/2)-1} U(k \cdot f_0) \cdot e^{j2\pi \frac{k \cdot n}{N}}; \quad -N/2 \leq n \leq (N/2) - 1$$

Die Herleitung dieser und der nachfolgenden Formeln sowie weiterführende Erläuterungen finden Sie am Ende dieses Kapitels im Abschn. 7.4.

In der Literatur werden üblicherweise folgende adäquate Abbildungsvorschriften angegeben (vgl. Abb. 7.6):

$$D(k) = \sum_{n=0}^{N-1} d(n) \cdot e^{-j2\pi \frac{k \cdot n}{N}} \text{ (Diskrete Fourier-Transformation, DFT)},$$

$$d(n) = \frac{1}{N} \cdot \sum_{k=0}^{N-1} D(k) \cdot e^{j2\pi \frac{k \cdot n}{N}} \text{ (Inverse DFT, IDFT)},$$

wobei

$$D(k) = P\{U(k \cdot f_0)\} = U_p(k \cdot f_0),$$

$$d(n) = t_0 \cdot P\{u(n \cdot t_0)\} = t_0 \cdot u_p(n \cdot t_0).$$

Letztere Schreibweisen setzen die Betrachtung der periodisierten Abtastfolgen $P\{u(n \cdot t_0)\} = u_p(n \cdot t_0)$ und $P\{U(k \cdot f_0)\} = U_p(k \cdot f_0)$ voraus und sie nutzt den Umstand, dass für die periodisierten Funktionen gilt:

$$u_p(n \cdot t_0) = u_p((n + N) \cdot t_0); \quad N \cdot t_0 = t_p$$

$$U_p(k \cdot f_0) = U_p((k + N) \cdot f_0); \quad N \cdot f_0 = f_p$$

$$e^{\pm j2\pi \frac{kn}{N}} = e^{\pm j2\pi \frac{k(n+N)}{N}}, \quad \text{da} \quad e^{\pm j2\pi \frac{k(n+N)}{N}} = e^{\pm j2\pi \frac{kn}{N}} \cdot \underbrace{e^{\pm j2\pi \frac{kN}{N}}}_{=1}.$$

Für den **Sonderfall gerader Funktionen** gilt[2]:

$$U_{\text{ger}}(k \cdot f_0) = t_0 \cdot \left[u_{\text{ger}}(0) + 2 \cdot \sum_{n=1}^{(N/2)-1} u_{\text{ger}}(n \cdot t_0) \cdot \cos\left(2\pi \frac{k \cdot n}{N} \right) \right]$$

---

[2]In der nachfolgenden Formeln ist der obere Endwert der Laufvariablen über dem Summenzeichen jeweils mit $N/2 - 1$ und nicht, wie man vielleicht erwartet, mit $N/2$ angegeben, da vereinbarungsgemäß $u((N/2) \cdot t_0) = u(t_g) \equiv 0$ und $U((N/2) \cdot f_0) = U(f_g) \approx 0$. Folglich können diese oberen Summanden weggelassen werden (siehe auch Abschn. 7.4).

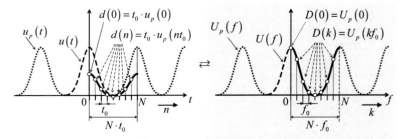

Abb. 7.6 Formeln der DFT (literaturübliche Darstellung)

$$u_{ger}(n \cdot t_0) = f_0 \left[U(0) + 2 \sum_{k=1}^{(N/2)-1} U_{ger}(k \cdot f_0) \cos\left(2\pi \frac{k \cdot n}{N}\right) \right]$$

wobei $N = 1/(t_0 \cdot f_0)$.

In diesem Zusammenhang sei daran erinnert, dass für gerade Funktionen gilt:

$u_{ger}(+t) = u_{ger}(-t)$ bzw. $U_{ger}(+f) = U_{ger}(-f)$

und gerade reelle Zeitfunktionen immer gerade reelle Spektralfunktionen besitzen, also

$$\text{reelle } u_{ger}(t) \quad \rightleftarrows \quad \text{reelle } U_{ger}(f)$$

Die oben dargestellten Beziehungen sind in Abb. 7.6 und 7.7 visuell zusammengefasst[3].

---

[3]Wie bereits einleitend erwähnt, zeigen wir in den Abbildungen immer gerade Funktionen, auch wenn sie Zusammenhänge verdeutlichen sollen, die allgemein für weder gerade noch ungerade Funktionen gelten. Würden wir allgemeine, weder gerade noch ungerade Funktionen darstellen, so kämen imaginäre Komponenten ins Spiel, die den Blick auf das Wesentliche erschweren würden.

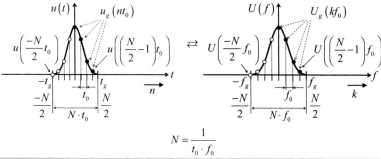

$$N = \frac{1}{t_0 \cdot f_0}$$

Allgemein:

$$u(nt_0) = f_0 \cdot \sum_{k=-N/2}^{(N/2)-1} U(kf_0) e^{j2\pi\frac{k\cdot n}{N}} ; \quad -\frac{N}{2} \le n \le \frac{N}{2} - 1$$

$$U(kf_0) = t_0 \cdot \sum_{n=-N/2}^{(N/2)-1} u(nt_0) e^{-j2\pi\frac{k\cdot n}{N}} ; \quad -\frac{N}{2} \le k \le \frac{N}{2} - 1$$

Gerade Funktionen:

$$u_{ger}(nt_0) = f_0 \cdot \left[U(0) + 2 \sum_{k=1}^{(N/2)-1} U_{ger}(kf_0) \cos\left(2\pi\frac{k\cdot n}{N}\right) \right]$$

$$U_{ger}(kf_0) = t_0 \cdot \left[u_{ger}(0) + 2 \sum_{n=1}^{(N/2)-1} u_{ger}(nt_0) \cos\left(2\pi\frac{k\cdot n}{N}\right) \right]$$

Abb. 7.7 Formeln der DFT (alternative Darstellung)

7.3　Beispielrechnung

Zwecks besserer Überprüfbarkeit der Ergebnisse wählen wir als Basis für dieses Beispiel eine gerade Funktion, deren Fourier-Transformation bekannt ist, und zwar die in Abb. 7.8 dargestellte aperiodische Kosinusquadrat-Funktion (vgl. Abschn. 3.2):

$$u(t) = \begin{cases} \cos^2\left(\pi\frac{t}{2T_H}\right) & \text{für } |t| \le T_H \\ 0 & \text{sonst} \end{cases} \quad \rightleftarrows \quad U(f) = T \cdot \frac{\text{si}(\pi \cdot 2T_H \cdot f)}{1 - (2T_H \cdot f)^2}$$

mit $T_H = 2$.

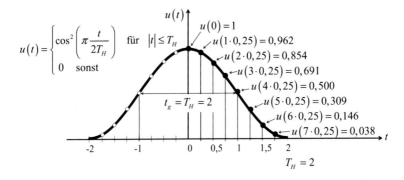

$$u(t) = \begin{cases} \cos^2\left(\pi \dfrac{t}{2T_H}\right) & \text{für } |t| \le T_H \\ 0 & \text{sonst} \end{cases}$$

$u(0) = 1$
$u(1 \cdot 0,25) = 0,962$
$u(2 \cdot 0,25) = 0,854$
$u(3 \cdot 0,25) = 0,691$
$u(4 \cdot 0,25) = 0,500$
$u(5 \cdot 0,25) = 0,309$
$u(6 \cdot 0,25) = 0,146$
$u(7 \cdot 0,25) = 0,038$

$t_g = T_H = 2$

$T_H = 2$

Abb. 7.8 Kosinusquadrat-Funktion

Wir wollen nun aus einer endlichen Anzahl von diskreten Werten der Zeitfunktion $u(t)$ so viele diskrete Werte der dazugehörigen spektralen Amplitudendichte $U(f)$ bestimmen, wie für die adäquate Beschreibung dieser Funktion notwendig sind.

Dabei wollen wir anfänglich so tun, als ob wir die spektrale Amplitudendichte nicht kennen würden, um das Beispiel praxisnaher zu gestalten. Damit stellt sich zuerst die Frage nach der Wahl der Parameter t_0 und f_0. Je kleiner wir t_0 wählen, umso größer ist die (gedachte) Periode im Frequenzbereich und umso kleiner ist der Fehler, der durch die (möglichen) Überlappung der periodifizierten Spektralfunktion entstehen kann. Andererseits werden dadurch $N = 1 / (t_0 \cdot f_0)$ und die Anzahl der erforderlichen Rechenoperationen größer.

Da das Beispiel durch den Leser mit vertretbarem Aufwand, z. B. mithilfe von Excel, nachvollziehbar sein soll, wollen wir N nicht zu groß wählen, aber doch in unseren Näherungsrechnungen hinreichend genau sein. Nutzen wir zunächst die grobe Näherungsbeziehung aus Abschn. 3.3, um die ungefähre Halbwertsbreite der Spektralfunktion für die gegebene Zeitfunktion $u(t)$ mit $T_H = 2$ zu bestimmen:

$$B_H \approx \frac{1}{T_H} = \frac{1}{2} = 0,5$$

Wir nehmen nun an, dass es ausreicht, wenn $f_g \ge 4 \cdot B_H = 2$ ist und bestimmen so

$$t_0 \le \frac{1}{2 \cdot f_g} = \frac{1}{4} = 0,25.$$

Wir wählen $t_0 = 0,25$.

Auch bei der Wahl von f_0 müssen wir das Abtasttheorem beachten (s. auch Abb. 7.7):

$$t_0 \leq \frac{1}{2f_g} \;\rightarrow\; \underbrace{N \cdot t_0}_{2 \cdot t_g} \leq \frac{N}{2f_g} \;\rightarrow\; 2 \cdot t_g \leq \underbrace{\frac{N}{2f_g}}_{N \cdot f_0} \;\rightarrow\; f_0 \leq \frac{1}{2 \cdot t_g} = \frac{1}{4} = 0{,}25; \quad t_g = 2.$$

Allerdings wählen wir dieses Mal $f_0 = 0{,}125$, um in unserem Beispiel die gesuchte Spektralfunktion $U(f)$ visuell besser „nachzeichnen" zu können. Somit ergibt sich

$$N = \frac{1}{t_0 \cdot f_0} = \frac{1}{0{,}25 \cdot 0{,}125} = 32.$$

Da in unserem Beispiel die Zeitfunktion $u(t) = u_{\text{ger}}(t)$ eine gerade Funktion ist, genügt zur Bestimmung der diskreten Werte der Spektralfunktion die Formel:

$$U_{\text{ger}}(k \cdot f_0) = t_0 \cdot \left[u_{\text{ger}}(0) + 2 \cdot \sum_{n=1}^{(N/2)-1} u_{\text{ger}}(n \cdot t_0) \cdot \cos\left(2\pi \frac{k \cdot n}{N}\right) \right]$$

$$= 0{,}25 \cdot \left[u_{\text{ger}}(0) + 2 \cdot \sum_{n=1}^{15} u_{\text{ger}}(n \cdot t_0) \cdot \cos\left(2\pi \frac{k \cdot n}{N}\right) \right]$$

Da $u_{\text{ger}}(n \cdot t_0) \equiv 0$ für $n \geq 8$ $\left(\text{bzw. für } t \geq 8 \cdot t_0 = 2\right)$, können wir die Formel weiter vereinfachen:

$$U_{\text{ger}}(k \cdot f_0) = 0{,}25 \cdot \left[u_{\text{ger}}(0) + 2 \cdot \sum_{n=1}^{7} u_{\text{ger}}(n \cdot t_0) \cdot \cos\left(2\pi \frac{k \cdot n}{N}\right) \right].$$

Wenden wir nun diese Formel auf die in Abb. 7.8 gezeigten 8 diskreten Werte der Zeitfunktion an, so erhalten wir die in Abb. 7.9 dargestellten Ergebnisse. Dort sind zu Vergleichszwecken auch die mit dem Fourier-Integral analytisch berechneten Werte der Spektralfunktion bzw. deren Kurvenverlauf dargestellt.

Wir sehen, dass bereits bei $N = 32$ die DFT-Näherung für viele praktische Anwendungen hinreichend genau ist. In realen FFT-Algorithmen arbeitet man üblicherweise mit viel größeren N und erreicht damit sehr gute Näherungen.

k	$k \cdot f_0$	FT	DFT	k	$k \cdot f_0$	FT	DFT
0	0,000	2,00000	2,00000	8	1,000	0,00000	0,00000
1	0,125	1,69765	1,69768	9	1,125	-0,00735	-0,00698
2	0,250	1,00000	1,00000	10	1,250	0,00000	0,00000
3	0,375	0,33953	0,33943	11	1,375	0,00396	0,00344
4	0,500	0,00000	0,00000	12	1,500	0,00000	0,00000
5	0,625	-0,04850	-0,04833	13	1,625	-0,00237	-0,00164
6	0,750	0,00000	0,00000	14	1,750	0,00000	0,00000
7	0,875	0,01617	0,01591	15	1,875	0,00154	0,00049

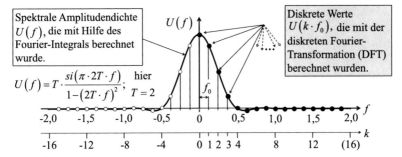

Abb. 7.9 DFT-Näherungen $U(k \cdot f_0)$ und Vergleich mit den exakten Werten der Spektralfunktion $U(f)$

7.4   Detaillierte Herleitung der Formeln

Zunächst müssen wir daran erinnern, dass die Abtastwerte

$$A\left[U(f)\right] = f_0 \cdot \sum_{k=-\infty}^{+\infty} U(k \cdot f_0) \cdot \delta(f - k \cdot f_0)$$

identisch sind mit den komplexen Fourier-Koeffizienten C_k, die die aus $u(t)$ gebildete periodische Zeitfunktion $u_p(t)$ im Frequenzbereich beschreiben, also

$$C_k = f_0 \cdot U(k \cdot f_0).$$

Aus Abschn. 3.1 wissen wir, dass die komplexen Fourier-Koeffizienten einer periodischen Zeitfunktion bestimmt werden aus

$$C_k = \frac{1}{t_p} \int\limits_{-t_p/2}^{+t_p/2} u_p(t) \cdot e^{-j2\pi k f_0 t} dt \quad \text{mit} \quad f_0 = \frac{1}{t_p}.$$

Da im Integrationsbereich von $-t_p/2 \le t \le +t_p/2$ unter den oben genannten Voraussetzungen $u_p(t) = u(t)$ gilt, dürfen wir auch schreiben

$$C_k = \frac{1}{t_p} \int\limits_{-t_p/2}^{+t_p/2} u(t) \cdot e^{-j2\pi k f_0 t} dt \quad \text{mit} \quad f_0 = \frac{1}{t_p}.$$

Des Weiteren haben wir am Anfang des Kapitels gezeigt, dass sich durch die Abtastung der Zeitfunktion $u_p(t)$ in äquidistanten Abständen $t_0 \le 1/2f_g$ die Werte der Fourier-Koeffizienten im Bereich $-f_p/2 \le f \le +f_p/2$ **praktisch nicht ändern** (siehe die einschränkende Anmerkung zu Beginn des Kapitels). Die Abtastnadeln, die diese Werte repräsentieren, werden lediglich periodisch wiederholt.

Wir dürfen also in der obigen Formel die Funktion $u(t)$ durch ihre Abgetastete $A[u(t)]$ ersetzen, also

$$C_k = \frac{1}{t_p} \int\limits_{-t_p/2}^{+t_p/2} u(t) \cdot e^{-j2\pi k f_0 t} dt = \frac{1}{t_p} \int\limits_{-t_p/2}^{+t_p/2} A[u(t)] \cdot e^{-j2\pi k f_0 t} dt$$

Im Allgemeinen gilt

$$A[u(t)] = t_0 \cdot \sum_{n=-\infty}^{+\infty} u(n \cdot t_0) \cdot \delta(t - n \cdot t_0).$$

Da aber vereinbarungsgemäß

$$u(t) \equiv 0 \quad \text{für} \quad t \le -t_g \quad \text{und} \quad t \ge +t_g \quad \text{bzw.}$$

$$u(n \cdot t_0) \equiv 0 \quad \text{für} \quad n \le -(N/2) \quad \text{und} \quad n \ge +(N/2)$$

ist, reicht es aus, nur N Abtastwerte im Bereich $-t_g \le t \le +t_g$ von zu betrachten (vgl. Abb. 7.2) und wir wählen dazu folgende Folge:

$$\underbrace{-\left(\frac{N}{2}\right), -\left(\frac{N}{2}+1\right), \ldots -2, -1, 0, +1, +2, \ldots, +\left(\frac{N}{2}-1\right)}_{N \text{ Abtastwerte}}$$

Somit gilt

$$A[u(t)] = t_0 \cdot \sum_{n=-N/2}^{+(N/2)-1} u(n \cdot t_0) \cdot \delta(t - n \cdot t_0)$$

bzw.

$$C_k = \frac{t_0}{t_p} \int\limits_{-t_p/2}^{+t_p/2} \left[\sum_{n=-N/2}^{+(N/2)-1} u(n \cdot t_0) \cdot \delta(t - n \cdot t_0) \right] \cdot e^{-j2\pi kf_0 t} dt$$

bzw. (da Summe und Integral austauschbar sind)

$$C_k = \frac{t_0}{t_p} \sum_{n=-N/2}^{+(N/2)-1} \left[u(n \cdot t_0) \cdot \int\limits_{-t_p/2}^{+t_p/2} \delta(t - n \cdot t_0) \cdot e^{-j2\pi kf_0 t} dt \right].$$

Für die Dirac-Funktion gilt definitionsgemäß (vgl. Abschn. 3.2)

$$\delta(t) \equiv 0 \quad \text{für} \quad \text{alle} \quad |t| \neq 0.$$

Somit ist der Ausdruck $\delta(t - n \cdot t_0) \cdot e^{-j2\pi kf_0 t}$ keine Funktion, sondern eine Zahl, die nur im Punkt $t = n \cdot t_0$ existiert, und es gilt

$$\int\limits_{-t_p/2}^{+t_p/2} \delta(t - n \cdot t_0) \cdot e^{-j2\pi kf_0 t} dt = e^{-j2\pi kf_0 n t_0}.$$

Damit kommen wir schließlich zu einer einfachen Summenformel

$$C_k = \frac{t_0}{t_p} \sum_{n=-N/2}^{+(N/2)-1} u(n \cdot t_0) \cdot e^{-j2\pi knf_0 t_0}$$

Aus Abb. 7.4 geht hervor, dass

$$N \cdot t_0 = t_p = 2 \cdot t_g, \quad N = \frac{t_p}{t_0}, \quad N \cdot f_0 = f_p = 2 \cdot f_g, \quad N = \frac{f_p}{f_0},$$

$$t_0 = \frac{1}{f_p}, \quad f_0 = \frac{1}{t_p}, \quad N = \frac{1}{f_0 \cdot t_0}.$$

Damit erhalten wir eine besser handhabbare Formel für die Berechnung der komplexen Fourier-Koeffizienten aus den Abtastwerten $t_0 \cdot u(n \cdot t_0)$ bzw. den Momentanwerten $u(n \cdot t_0)$ der Original-Zeitfunktion:

$$C_k = \frac{1}{N} \sum_{n=-N/2}^{+N/2-1} u(n \cdot t_0) \cdot e^{-j2\pi \frac{kn}{N}}$$

Die Momentanwerte der spektralen Leistungsdichte $U(f)$ unterscheiden sich von den Abtastwerten bzw. komplexen Fourier-Koeffizienten nur durch den Faktor f_0, also $C_k = f_0 \cdot U(k \cdot f_0)$, und somit gilt für die Berechnung der Momentanwerte der spektralen Leistungsdichte der Ausdruck:

$$U(k \cdot f_0) = \frac{C_k}{f_0} = t_0 \sum_{n=-N/2}^{+N/2-1} u(n \cdot t_0) \cdot e^{-j2\pi \frac{kn}{N}}$$

Wie können wir nun aber die Momentanwerte der Original-Zeitfunktion $u(t)$ aus den Momentanwerten ihrer spektralen Amplitudendichte berechnen? Dies ist relativ einfach, wenn wir uns an die komplexe Fourier-Reihe erinnern für periodische Zeitfunktionen:

$$u_p(t) = \sum_{k=-\infty}^{+\infty} C_k \cdot e^{j2\pi (kf_0)t}$$

Da die komplexen Fourier-Koeffizienten außerhalb von $-f_g < f < +f_g$ vereinbarungsgemäß als verschwindend klein und für praktische Berechnungen als gleich Null angenommen werden, können wir auch schreiben

$$u_p(t) = \sum_{k=-N/2}^{+N/2-1} C_k \cdot e^{j2\pi (kf_0)t}$$

bzw. für die Momentanwerte der Zeitfunktion

$$u_p(n \cdot t_0) = \sum_{k=-N/2}^{+N/2-1} C_k \cdot e^{j2\pi (kf_0)nt_0} = \sum_{k=-N/2}^{+N/2-1} C_k \cdot e^{j2\pi \frac{k \cdot n}{N}}$$

Mit $C_k = f_0 \cdot U(k \cdot f_0)$ und $f_0 \cdot t_0 = 1/N$ erhalten wir schließlich

$$u_p(n \cdot t_0) = f_0 \cdot \sum_{k=-N/2}^{+N/2-1} U(k \cdot f_0) \cdot e^{j2\pi \frac{k \cdot n}{N}},$$

bzw., wenn wir nur den Bereich $-N/2 \leq n \leq (N/2) - 1$ betrachten,

$$u(n \cdot t_0) = f_0 \cdot \sum_{k=-N/2}^{+N/2-1} U(k \cdot f_0) \cdot e^{j2\pi \frac{k \cdot n}{N}}; \quad -N/2 \leq n \leq (N/2) - 1$$

Sonderfall: Gerade Zeitfunktionen

Gerade reelle Zeitfunktionen $u_{ger}(t)$ besitzen gerade reelle Amplitudendichten $U_{ger}(f)$. Wie für jede gerade Funktion gilt

$$u_{ger}(-t) = u_{ger}(+t) \quad \text{und} \quad U_{ger}(-f) = U_{ger}(+f).$$

Durch folgende Schritte kommen wir zu einfach handhabbaren Formeln:

1. Wir lösen die Summenformeln für die DFT auf:

$$u(n \cdot t_0) = \sum_{k=-N/2}^{+N/2-1} C_k \cdot e^{j2\pi \frac{k \cdot n}{N}} = C_{-N/2} \cdot e^{j2\pi \frac{(-N/2)\cdot n}{N}} + C_{-((N/2)-1)} \cdot e^{j2\pi \frac{-((N/2)-1)\cdot n}{N}} + \dots$$

$$+ C_{-1} \cdot e^{j2\pi \frac{-1 \cdot n}{N}} + C_0 \cdot \underbrace{e^{j2\pi \frac{0 \cdot n}{N}}}_{=1} + C_{+1} \cdot e^{j2\pi \frac{+1 \cdot n}{N}} + \dots$$

$$+ C_{+((N/2)-1)} \cdot e^{j2\pi \frac{+((N/2)-1)\cdot n}{N}}$$

2. Wir ändern etwas die Reihenfolge der Summanden und lassen dabei den ersten Summanden weg, da dieser vereinbarungsgemäß verschwindend klein angenommen wird und folglich in den Näherungsbeziehungen gleich Null gesetzt werden kann $\left(C_{-N/2} = 0\right)$:

$$u(n \cdot t_0) = \sum_{k=-N/2}^{+N/2-1} C_k \cdot e^{j2\pi \frac{k \cdot n}{N}} = C_0 + \left[C_{-1} e^{j2\pi \frac{-1 \cdot n}{N}} + C_{+1} e^{j2\pi \frac{+1 \cdot n}{N}} \right] + \dots$$

$$+ \left[C_{-((N/2)-1)} e^{j2\pi \frac{-((N/2)-1)\cdot n}{N}} + C_{+((N/2)-1)} e^{j2\pi \frac{+((N/2)-1)\cdot n}{N}} \right]$$

3. Jetzt wenden wir die Eulersche Formel an

$$\cos\left(2\pi \cdot \frac{k \cdot n}{N}\right) = \frac{e^{-j\left(2\pi \cdot \frac{k \cdot n}{N}\right)} + e^{+j\left(2\pi \cdot \frac{k \cdot n}{N}\right)}}{2}$$

und kommen so zu dem Ausdruck

$$u(n \cdot t_0) = C_0 + 2 \cdot C_1 \frac{e^{-j2\pi \frac{1 \cdot n}{N}} + e^{+j2\pi \frac{1 \cdot n}{N}}}{2} + \dots + 2 \cdot C_{\left(\frac{N}{2}-1\right)} \frac{e^{-j2\pi \frac{((N/2)-1)\cdot n}{N}} + e^{+j2\pi \frac{((N/2)-1)\cdot n}{N}}}{2}$$

$$= C_0 + 2 \cdot C_1 \cdot \cos\left(2\pi \frac{1 \cdot n}{N}\right) + \dots + 2 \cdot C_{\left(\frac{N}{2}-1\right)} \cdot \cos\left(2\pi \frac{(N/2-1)\cdot n}{N}\right),$$

wobei wir berücksichtigt haben, dass für gerade Funktionen $C_{-k} = C_{+k}$.

4. Nun kehren wir zur Summenschreibweise zurück:

$$u(n \cdot t_0) = C_0 + 2 \sum_{k=1}^{(N/2)-1} C_k \cos\left(2\pi \frac{k \cdot n}{N}\right) \quad \text{für gerade } u(t) \text{ und } U(f),$$

$$\text{wobei} \quad -N/2 \leq n \leq (N/2) - 1$$

Mit $C_k = f_0 \cdot U(k \cdot f_0)$ erhalten wir schließlich:

$$u(n \cdot t_0) = f_0 \left[U(0) + 2 \sum_{k=1}^{(N/2)-1} U(k \cdot f_0) \cos\left(2\pi \frac{k \cdot n}{N}\right) \right] \quad \text{für gerade } u(t) \text{ und } U(f)$$

Auf die gleiche Weise lässt sich für gerade Funktionen der Ausdruck zur Berechnung der Fourier-Koeffizienten bzw. der Momentanwerte der Amplitudendichte ermitteln:

$$C_k = \frac{1}{N} \sum_{n=-N/2}^{+N/2-1} u(n \cdot t_0) \cdot e^{-j2\pi \frac{kn}{N}}$$

$$C_k N = \underbrace{u\left(-\frac{N}{2} \cdot t_0\right) \cdot e^{j2\pi \frac{(-N/2)\cdot k}{N}}}_{\substack{=0 \\ \text{vereinbarungsgemäß}}} + \underbrace{u\left(-\left(\frac{N}{2}-1\right) \cdot t_0\right) \cdot e^{j2\pi \frac{-((N/2)-1)\cdot k}{N}}}_{= u(+((N/2)-1)\cdot t_0)} + \ldots + \underbrace{u(-t_0) \cdot e^{j2\pi \frac{-1\cdot k}{N}}}_{= u(+t_0)}$$

$$+ \underbrace{u(0) \cdot e^{j2\pi \frac{0\cdot k}{N}}}_{=1} + + u(+t_0) \cdot e^{j2\pi \frac{+1\cdot k}{N}} + \ldots + u\left(+\left(\frac{N}{2}-1\right) \cdot t_0\right) \cdot e^{j2\pi \frac{+((N/2)-1)\cdot k}{N}}$$

$$C_k N = u(0) + 2 \left[u(t_0) \frac{e^{j2\pi \frac{k}{N}} + e^{-j2\pi \frac{k}{N}}}{2} + \ldots + u\left(\left(\frac{N}{2}-1\right)t_0\right) \frac{e^{j2\pi \frac{((N/2)-1)\cdot k}{N}} + e^{-j2\pi \frac{((N/2)-1)\cdot k}{N}}}{2} \right]$$

$$C_k N = u(0) + 2 \sum_{n=1}^{+N/2-1} u(n \cdot t_0) \cdot \cos\left(2\pi \frac{k \cdot n}{N}\right)$$

Mit $C_k = f_0 \cdot U(k \cdot f_0)$ und $N = 1/(t_0 \cdot f_0)$ erhalten wir schließlich

$$U(k \cdot f_0) = t_0 \cdot \left[u(0) + 2 \sum_{n=1}^{+N/2-1} u(n \cdot t_0) \cdot \cos\left(2\pi \frac{k \cdot n}{N}\right) \right] \quad \text{für gerade } u(t) \text{ und } U(f)$$

Anwendung der DFT bzw. FFT für das mobile Internet

Die Diskrete Fourier-Transformation (DFT) findet in ihrer (programmtechnischen) Realisierung als Schnelle Fourier-Transformation (SFT) bzw. Fast Fourier Transformation (FFT) breite Anwendung in der Digitaltechnik, insbesondere (aber nicht nur) in der drahtlosen Übertragungstechnik, wie z. B. dem digitalen Rundfunk (DAB, Digital Audio Broadcasting), dem digitalen terrestrisches Fernsehen (DVB-T, Digital Video Broadcasting – Terrestrial), dem WLAN und der 4. und 5. Mobilfunkgeneration (4G/LTE und 5G). Mit WLAN und LTE ist die FFT also eine unverzichtbare Schlüsseltechnologie für das (mobile) Internet.

Alle genannten Technologien nutzen zur drahtlosen digitalen Signalübertragung ein Modulations- bzw. Multiplex[1]-Verfahren, das den Namen Orthogonales Frequenzmultiplex-Verfahren bzw. **Orthogonal Frequency Division Multiplexing** (OFDM) trägt. Die Diskrete Fourier-Transformation ist das Herzstück dieses Verfahrens.

Nachfolgend wollen wir nun auf das OFDM eingehen, wobei wir uns dabei auf das **Grundprinzip** beschränken müssen und auch dies nur in stark vereinfachter Form beschreiben können[2].

Zunächst müssen wir aber kurz an einige Grundbausteine der (digitalen) Übertragungstechnik erinnern.

Grundbausteine digitaler Übertragungstechnik

Digitale Signale werden meist (aber nicht immer) als binärkodierte Folgen von „Nullen" und „Einsen" übertragen, die durch Impulse technisch repräsentiert

---

[1]Verfahren zur gebündelten simultanen Übertragung mehrerer Signale über ein Übertragungsmedium.

[2]Tiefergehende Ausführungen zu OFDM finden Sie z. B. in Kammeyer (2011).

© Springer Fachmedien Wiesbaden GmbH, ein Teil von Springer Nature 2019
J. Lange und T. Lange, *Mathematische Grundlagen der Digitalisierung,*
essentials, https://doi.org/10.1007/978-3-658-26686-8_8

werden. Die Übertragung dieser Signale erfolgt mittels Sender und Empfänger über Übertragungsmedien. Dabei werden diese Signale gedämpft, verzerrt und gestört (Abb. 8.1). Übertragungsmedien können Kabel oder Lichtwellenleiter sein, oder die Übertragung erfolgt drahtlos per Funk.

Im Falle der „drahtlosen" Funktechnik benötigt man zur Signalübertragung Träger, d. h. elektromagnetische Wellen, auf die das Nutzsignal „aufmoduliert" wird (vgl. Verschiebungssatz und Modulation in Kap. 3, Abb. 3.4). Träger unterschiedlicher Frequenz f_k repräsentieren unterschiedliche Übertragungskanäle. Dabei hat jeder dieser Übertragungskanäle eine bestimmte Bandbreite, denn die Nutzsignale selbst haben ja auch eine definierte Bandbreite B_{NS}. Der Abstand zwischen den Trägerfrequenzen muss also so groß sein, dass sich die Spektren der modulierten Signale, die zu verschiedenen Verbindungen gehören, nicht überlappen. Ansonsten ist empfangsseitig keine saubere Trennung der verschiedenen Übertragungskanäle möglich. Abb. 8.2 zeigt eine schematische Anordnung für dieses einfache Frequenzmultiplexverfahren (Frequency Division Multiplexing, FDM), das schon sehr früh in der Analogtechnik zur Anwendung kam, z. B. beim analogen Rundfunk oder in der Träger-Frequenz-Telefonie.

In diesem auf zwei Signalquellen beschränkten Beispiel wurden die Einflüsse von Störungen und Verzerrungen vernachlässigt. Sendeseitig erfolgt die Amplitudenmodulation und damit die Verschiebung der Originalspektren durch Multiplikation mit Kosinusschwingungen unterschiedlicher Frequenz. Ein Summator addiert die modulierten Signale vor der Übertragung.

Empfangsseitig werden die modulierten Signale durch Bandpassfilter getrennt, die jeweils nur ein Frequenzband „passieren" lassen. Danach erfolgt die Demodulation (DeMod) und dadurch das „Zurückschieben" der Spektralfunktionen in den ursprünglichen tieffrequenten Basisbandbereich.

Das Frequenzmultiplexverfahren kann auch auf digitale Signale angewandt werden.

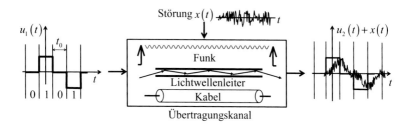

Abb. 8.1 Prinzip der digitalen Signalübertragung

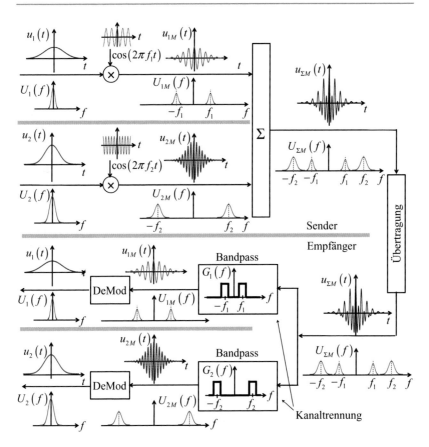

Abb. 8.2 Schematische Darstellung des Frequenzmultiplexverfahrens (hier analoge Amplitudenmodulation)

Die Übertragung der digitalen (binären) Signale erfolgte zunächst meist seriell, wie zum Beispiel bei GSM (2G), dort im Kombination mit dem sogenannten Zeit-multiplexverfahren (Time Division Multiplexing, TDM). Dabei wurde bzw. wird zur Übertragung des zu einer Verbindung gehörenden seriellen Bitstroms die gesamte Bandbreite des für diese Verbindung zugeordneten Übertragungskanals genutzt. Damit gehört diese Art der Übertragung zu den **Einzelträgerverfahren** (Single Carrier, SC).

Das SC-Verfahren stößt bei höheren Bitraten schnell an seine Grenzen, denn je schmaler die Impulse (Bits) werden, umso stärker wirken die bei jeder Übertragung auftretenden Signalverzerrungen auf die nachfolgenden Impulse, wie schematisch in Abb. 8.3 dargestellt. Der linke Teil der Abbildung illustriert eine geringe Bitrate, bei der die übertragungsbedingte Signalverzerrung nur etwas in das nachfolgende Bitintervall hineinreicht. Diese Intersymbol-Interferenz ist vernachlässigbar, da das empfangene Signal typischerweise am Ende des Bitintervalls abgetastet wird, wo die hier gezeigte Intersymbol-Interferenz de facto nicht mehr wirkt. Im rechten Teil der Abbildung wird eine 4-fach höhere Bitrate gezeigt. Die Signalverzerrung reicht sogar bis in das übernächste Bitintervall. Wenn nun zusätzlich die immer auf-tretenden Störungen (die hier nicht gezeigt wurden) zu berücksichtigen sind, dann erhöht diese Intersymbol-Interferenz die Fehlerwahrscheinlichkeit beim Empfang maßgeblich, was die damit realisierbare Bitrate ausbremst.

Die Verzerrungen bei der Übertragung und damit die Intersymbol-Interferenz sind hauptsächlich dadurch bedingt, dass die Übertragungskanäle Übertragungs-funktionen $G_{\text{Kanal}}(f)$ besitzen, die einem frequenzselektiven Filter ähneln. Das heißt, dass die verschiedenen spektralen Komponenten eines Signals unterschied-lich stark gedämpft und zusätzlich unterschiedlich stark verzögert werden. Wir sprechen deshalb auch von einem frequenzselektiven Kanal. Je frequenzselektiver ein solcher Übertragungskanal ist, d. h. je unterschiedlicher seine Reaktionen auf die verschieden Frequenzanteile des Signals sind, desto größer ist die Signalver-zerrung und damit die Intersymbol-Interferenz.

Die Intersymbol-Interferenz kann man deutlich reduzieren, wenn man **Mehrträgerverfahren** (Multi Carrier, MC) einsetzt, zu denen das OFDM gehört. Dies wurde aber erst möglich, als mit der Schnellen Fourier-Transformation eine effiziente technische Realisierungsvariante entwickelt wurde.

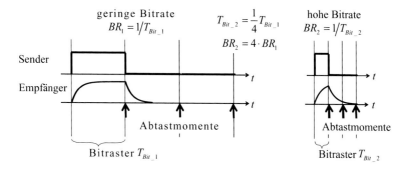

Abb. 8.3 Intersymbol-Interferenz bei unterschiedlichen Bitraten (schematische Darstellung)

Mehrträger-Übertragung

Die Idee des Mehrträgerverfahrens soll mithilfe der Abb. 8.4 in einer stark verein-fachten Form erläutert werden.

Sie besteht im Folgenden:

Man unterteilt den vorhandenen Übertragungskanal in N Subkanäle.

Dazu passend teilt man senderseitig den seriellen Datenstrom in N parallele Daten-ströme auf (Seriell-Parallelwandlung, S/P) Damit haben wir jetzt für die Übertragung eines parallelen N-Bit-Worts die N-fache Zeit zur Verfügung. In dem in Abb. 8.4. gezeigten Beispiel sollen uns die farbigen Punkte über den seriellen Bitströmen auf

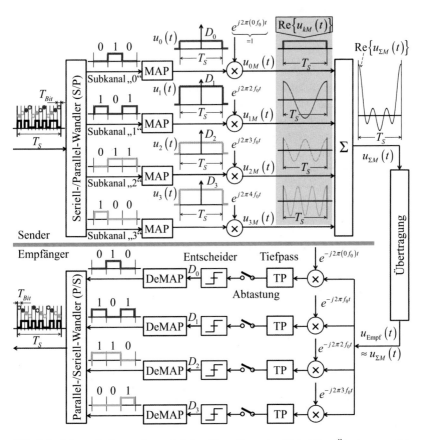

Abb. 8.4 Schematische, stark vereinfachte Darstellung der Mehrträger-Übertragung (im Basisband)

der linken Seite helfen, die Zuordnung bei der Seriell-Parallel-Wandlung nachzuvoll-
ziehen: das erste Bit (rot) „landet" im ersten Zeitschlitz des Subkanals „0", das zweite
Bit (blau) im ersten Zeitschlitz des Subkanals „1" usw.

Zusätzlich verwandeln wir für jeden Subkanal die bis jetzt binären (also zwei-
stufigen) Bitströme in mehrstufige bzw. M-stufige Symbole. Diesen Vorgang
bezeichnet man als Mapping (MAP). Verwandeln wir z. B. je 3 Bit in ein neues
mehrstufiges Symbol, so ist $M = 2^3 = 8$. Im Beispiel in Abb. 8.4 wird im Subkanal
„0" die Bitfolge 010 in $D_0 = 2$ verwandelt, im Subkanal „1" die Bitfolge 101 in
$D_1 = 5$ usw. Die Amplituden der rechteckförmigen Symbole nach dem Mapping
(MAP) entsprechen diesen Werten D_0, D_1, D_2, D_3.

Auf diese Art und Weise ergibt sich eine deutlich längere Zeit T_{sym}, die uns zur
Übertragung eines Symbols zur Verfügung steht:

$$T_{\mathrm{sym}} = N \cdot \log_2 (M) \cdot T_{\mathrm{bit}} = N \cdot \mathrm{ld}(M) \cdot T_{\mathrm{bit}}$$

Wenn z. B. $N = 4$ und $M = 8$, so hat sich die Zeit für die Übertragung eines
Symbols um den Faktor 12 vergrößert: $T_{\mathrm{sym}} = 4 \cdot \mathrm{ld}(8) \cdot T_{\mathrm{bit}} = 12 \cdot T_{\mathrm{bit}}$. Des
Weiteren sind die Übertragungsfunktionen der Subkanäle deutlich weniger
frequenzselektiv als die Übertragungsfunktion des Gesamtkanals.

Im Ergebnis beider Effekte wird die Intersymbol-Interferenz deutlich reduziert.

Nun müssen wir die mehrstufigen Signale nur noch modulieren, das heißt, wir
müssen ihre Spektren in die ihnen zugewiesenen Subkanäle „verschieben". Dazu
erinnern wir uns an den Verschiebungssatz (Abschn. 3.1)

$$u(t) \cdot e^{+j2\pi f_k t} \rightleftarrows U(f - f_k),$$

der besagt, dass die Multiplikation einer Zeitfunktion $u(t)$ mit einem Drehzeiger
$e^{+j2\pi f_k t}$ die Verschiebung der spektralen Amplitudendichte $U(f)$ des nichtmodulierten
Signals $u(t)$ um f_k nach rechts bewirkt.

Wenn wir nun davon ausgehen, dass die mehrstufigen Symbole in jedem k-ten
Subkanal durch rechteckförmige Impulse der Amplitude $D(k)$ repräsentiert werden,
also

$$u_k(t) = \begin{cases} D(k) & \text{für } |t| \leq \frac{T_s}{2} \\ 0, & \text{sonst} \end{cases},$$

so erhalten wir die in Abb. 8.5 gezeigten verschobenen Spektralfunktionen (vgl.
auch Abb. 3.4 – aufgrund der Symmetrie reicht es aus, hier nur die rechte Seite
des Spektrums zu berücksichtigen). Das Beispiel in Abb. 8.5 geht von $N = 4$
und $M = 8$ aus und es zeigt auch das summare Spektrum (schwarze Linie) der
addierten modulierten Signale aus den $N = 4$ Subkanälen.

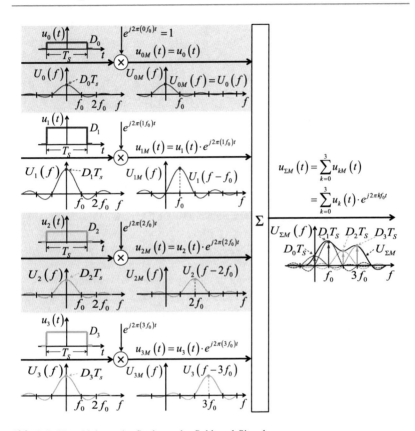

Abb. 8.5 Verschiebung der Spektren der Subkanal-Signale

Bevor wir nun weiter auf das das Summensignal $u_{\Sigma M}(t)$ der modulierten Subkanal-Signale $u_{0M}(t), u_{1M}(t), \ldots$ eingehen, müssen wir einige Anmerkungen zu Abb. 8.4 (und Abb. 8.5) machen:

1. Die Abbildung zeigt das Sende- und das Empfangsschema stark vereinfacht und beschränkt sich auf die wesentlichen für das Grundverständnis notwendigen Elemente.

2. Im Sendeschema werden aus Gründen der Übersichtlichkeit nur die realen Anteile der modulierten Signale im Intervall $[T_s]$ gezeigt, also z. B. $\operatorname{Re}\{u_{1M}(t)\} = \operatorname{Re}\left\{D_1 e^{j2\pi f_0 t}\right\} = D_1 \cdot \cos(2\pi f_0 t)$, die sich aus der Eulerschen Formel $e^{j2\pi f_0 t} = \cos(2\pi f_0 t) + j\sin(2\pi f_0 t)$ ergeben.

3. Die Abbildung illustriert nur die Kanalaufspaltung und die Modellierung im Basisbandbereich. Für den Subkanal „0" ist dabei keine spektrale Verschiebung erforderlich. Das Signal $u_0(t)$ wird also nicht (bzw. formal mit einer Frequenz $(0 \cdot f_0)$) modelliert.

4. Die für die Funkübertragung notwendige zusätzliche hochfrequente Modulierung und weitere Aspekte der Übertragung des summaren Signals $u_{\Sigma M}(t)$ sind hier weggelassen worden bzw. im rechten Block „Übertragung" versteckt.

5. Empfangsseitig wird vorausgesetzt, dass das empfangene und bereits in das Basisband verschobene Signal $u_{\text{Empf}}(t)$ wenigstens näherungsweise dem gesendeten Signal $u_{\Sigma M}(t)$ entspricht, also $u_{\text{Empf}}(t) \approx u_{\Sigma M}(t)$. Verzerrungen und Störungen werden hier bei der Erklärung des Prinzips nicht berücksichtigt.

6. Empfangsseitig erfolgt in jedem Subkanal eine Demodulation durch Multiplikation mit den Drehzeigern $e^{-j2\pi f_0 t}$, $e^{-j2\pi 2 f_0 t}$, …. Dabei wird jedes Mal das gesamte summare Signal $u_{\text{Empf}}(t) \approx u_{\Sigma M}(t)$ mit dem zum jeweiligen k-ten Subkanal passenden Drehzeiger $e^{-j2\pi k f_0 t}$ multipliziert, was gleichbedeutend mit einer Verschiebung des Spektrums des Gesamtsignals um $k \cdot f_0$ nach links ist (vgl. Abb. 8.6). Wir müssen also aus diesem Signalgemisch noch das zum jeweiligen Subkanal gehörende Spektrum herausfiltern. Dazu dient der Tiefpass (TP).

7. Beim Empfang digitaler Signale werden diese immer **abgetastet,** und zwar in dem Moment, wo man mit dem besten Signal-Rauschverhältnis rechnen kann (siehe auch Lange und Lange 2019, Kap. „Optimales Empfangsfilter"). Danach bestimmt ein **Entscheider** anhand von Schwellwerten, welchem der möglichen mehrstufigen Signalwerte D_k der Abtastwert zugeordnet werden kann.

8. Beim Vergleich der Signalfolgen in den Sende- und Empfangsschemata ist zu beachten, dass die Bitfolge der jeweiligen Pfeilrichtung entspricht.

Nun zum Summensignal: Wie man leicht aus dem Sendeschema in Abb. 8.4 erkennen kann, ist

$$u_{\Sigma M}(t) = \sum_{k=0}^{N-1} D_k e^{j2\pi k f_0 t}, \quad \text{wobei} \quad N - \text{ die Anzahl der Subkanäle, } k = 0, 1,$$

$2, \ldots, N-1$ bezeichnet.

Damit nähern wir uns dem Orthogonalen Frequenzmultiplexverfahren bzw. üblicherweise in Englisch „Orthogonal Frequency Division Multiplexing" (OFDM).

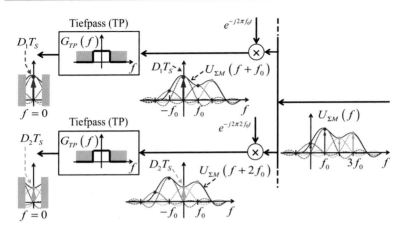

Abb. 8.6 Spektrale Verschiebung bei der Demodulation und Basisband-Filterung am Beispiel der Subkanäle „1" und „2"

OFDM – Orthogonal Frequency Division Multiplexing

Wenn wir jetzt zur diskreten Schreibweise der Summensignals $u_{\Sigma M}(t)$ übergehen, also nur die diskreten Werte dieses Signals in den Zeitpunkten $n \cdot t_0$ betrachten, so erhalten wir folgen Ausdruck:

$$u_{\Sigma M}(n \cdot t_0) = \sum_{k=0}^{N-1} D_k e^{j 2\pi k f_0 n t_0}$$

bzw. mit $f_0 = \frac{1}{T_S}$ und $t_0 = \frac{T_S}{N}$ bzw. $f_0 \cdot t_0 = \frac{1}{T_S} \cdot \frac{T_S}{N} = \frac{1}{N}$ abschließend

$$u_{\Sigma M}(n \cdot t_0) = \sum_{k=0}^{N-1} D_k e^{j 2\pi \frac{k \cdot n}{N}}.$$

Die rechte Seite dieses Ausdrucks ist mit Ausnahme des Faktors $\left(1/N\right)$, der jederzeit kompensiert werden kann, identisch mit der Abbildungsvorschrift für die Inverse Diskrete Fourier-Transformation (IDFT), die wir am Ende des Abschn. 7.2 gezeigt haben (beachte: $D_k = D(k)$):

$$d(n) = \frac{1}{N} \cdot \sum_{k=0}^{N-1} D(k) \cdot e^{j 2\pi \frac{k \cdot n}{N}} = \frac{1}{N} \cdot \sum_{k=0}^{N-1} D_k \cdot e^{j 2\pi \frac{k \cdot n}{N}} \text{ (Inverse DFT, IDFT)},$$

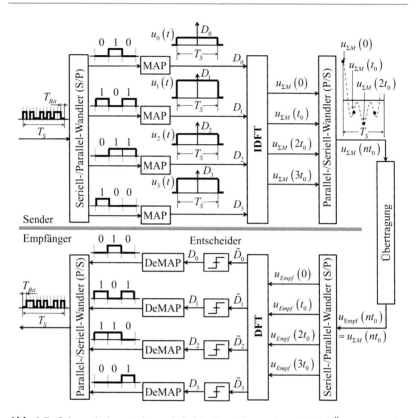

Abb. 8.7 Schematische, stark vereinfachte Darstellung einer OFDM-Übertragung (im Basisband)

Das bedeutet, dass wir die parallelen Modulationen und die Summierung der modulierten Subkanal-Signale aus Abb. 8.4 mittels IDFT realisieren können. Dadurch wird das in Abb. 8.7 gezeigte Lösungsschema im Vergleich zur Anordnung in Abb. 8.4 einfacher. Wir müssen lediglich eine Parallel-Seriell-Wandlung (P/S) nachschalten, da die IDFT die diskreten Signalwerte $u_{\Sigma M}(k \cdot t_0)$ in einer parallelen Form erzeugt.

Auch die empfangsseitige Anordnung vereinfacht sich signifikant. Hier wird einfach nach einer Seriell-Parallel-Wandlung (S/P) die Operation der IDFT mittels der ihr entgegengesetzten DFT rückgängig gemacht[3]:

$$D_k = \sum_{n=0}^{N-1} u_{\Sigma M}(n \cdot t_0) \cdot e^{-j2\pi \frac{k \cdot n}{N}}$$

Anschließend erfolgt wieder die Wandlung der M-stufigen Signale D_k in binäre Signale (DeMAP) und die abschließende Parallel-Seriell-Wandlung in den ursprünglichen Bitstrom.

Schlussbemerkung
Wie aus der im rechten Teil der Abb. 8.5 gezeigten spektralen Darstellung des Summensignals $U_{\Sigma M}(f)$ und seiner Komponenten $U_{0M}(f), U_{1M}(f), \ldots$ ersichtlich ist, liegt das Maximum jeder beliebigen spektralen k-ten si-Funktion $U_{kM}(f)$ genau bei der Frequenz f_k, bei der sich die Nulldurchgänge aller anderen spektralen si-Funktionen $U_{rM}(f)$, $r \neq k$, befinden. In diesen Punkten stören die benachbarten Subkanäle also nicht, es kommt zu keiner Intercarrier-Interferenz. Wenn wir also **genau in diesen Punkten** die Spektralfunktion $U_{\Sigma M}(f)$ des Summensignals abtasten, bekommen wir folgende (ungestörte) Werte:

$$A\left\{ U_{\Sigma M}(f)|_{k=0} \right\} = f_0 \cdot U_{\Sigma M}(f) \cdot \delta(f) = f_0 \cdot U_{\Sigma M}(f=0) = f_0 \cdot D_0 \cdot T_S = D_0$$

$$A\left\{ U_{\Sigma M}(f)|_{k=1} \right\} = f_0 \cdot U_{\Sigma M}(f) \cdot \delta(f-f_0) = f_0 \cdot U_{\Sigma M}(f_0) = f_0 \cdot D_1 \cdot T_S = D_1$$

$$A\left\{ U_{\Sigma M}(f)|_{k=2} \right\} = f_0 \cdot U_{\Sigma M}(f) \cdot \delta(f-2f_0) = f_0 \cdot U_{\Sigma M}(2f_0) = f_0 \cdot D_2 \cdot T_S = D_2$$

$$A\left\{ U_{\Sigma M}(f)|_{k=3} \right\} = f_0 \cdot U_{\Sigma M}(f) \cdot \delta(f-3f_0) = f_0 \cdot U_{\Sigma M}(3f_0) = f_0 \cdot D_3 \cdot T_S = D_3$$

Damit sind die spektralen Signale $U_{0M}(f), U_{1M}(f), \ldots$ orthogonal zueinander, woraus sich der Name Orthogonales Frequenzmultiplex-Verfahren bzw. **Orthogonal Frequency Division Multiplexing** (OFDM) ableitet.

---

[3]Auch hier haben wir den Faktor $\left(1/N\right)$ bzw. N, der bei einer mathematisch strengen Schreibweise erforderlich wäre, vernachlässigt, da er in technischen Einrichtungen jederzeit durch entsprechende Signalverstärker kompensiert werden kann.

Was Sie aus diesem *essential* mitnehmen können

In dieser Einführung in die mathematischen Grundlagen der Digitalisierung analoger Signale und der Diskreten Fourier-Transformation als Stützpfeiler der modernen digitalen Übertragungstechnik haben Sie gelernt,

- dass wir in Natur und Technik analoge, zeitdiskrete und digitale Signale unterscheiden, die deterministisch (also eindeutig mathematisch beschreibbar) oder stochastisch (zufällig) sein können,
- dass wir zunächst die analogen Signale nicht nur wie gewohnt im Zeitbereich, sondern auch im Frequenzbereich in Form spektraler Funktionen (bzw. Spektren) darstellen können,
- dass die spektrale Darstellung bei der Berechnung des Zusammenspiels von Signalen und linearen Systemen oftmals vorteilhaft ist,
- dass die Abtastung von Zeitsignalen gleichbedeutend mit der Periodifizierung ihrer Spektralfunktionen ist (und umgekehrt),
- dass sich daraus sehr einfach und anschaulich das Abtasttheorem ableiten lässt,
- dass das Abtasttheorem uns die Frage beantwortet, warum und unter welchen Bedingungen wir analoge Signale verlustfrei in zeitdiskrete Signale verwandeln und aus diesen zurückgewinnen können,
- dass zur Digitalisierung von analogen Signalen neben der Abtastung auch eine Quantisierung gehört,
- dass die Quantisierung Verzerrungen in Form eines Quantisierungsrauschens hervorruft, die zwar nicht mehr kompensiert werden können aber bei richtiger Auswahl der Quantisierungskennlinie vernachlässigbar sind,

© Springer Fachmedien Wiesbaden GmbH, ein Teil von Springer Nature 2019
J. Lange und T. Lange, *Mathematische Grundlagen der Digitalisierung*,
essentials, https://doi.org/10.1007/978-3-658-26686-8

- dass schließlich mit der Diskreten Fourier-Transformation (DFT) eine elegante numerische Methode zur schnellen Transformation von Signalen entwickelt wurde, die es erlaubt, eine Folge von Abtastwerten aus dem Zeitbereich mittels einfacher arithmetischer Operationen in eine Folge von Abtastwerten im Frequenzbereich umzuwandeln (und umgekehrt) und somit die Transformation unter Umgehung des Fourier-Integrals durchzuführen,
- dass diese Diskrete Fourier-Transformation in ihrer programmtechnischen Implementierung als Fast Fourier Transformation (FFT) auch ein wichtiges Kernelement moderner digitaler Übertragungsverfahren wie des Orthogonal Frequency Division Multiplexing (OFDM) ist, das u. a. im Mobilfunk (4G/LTE, 5G) und im WLAN eingesetzt wird und ohne das das schnelle mobile Internet nicht existieren würde.

Literatur

Brockhaus. (o. J.). Digitalisierung. http://brockhaus.de/ecs/enzy/article/digitalisierung. Zugegriffen: 15. Apr. 2019.

Edwards, R. E. (2013). *Fourier series: A modern introduction: Vol. 2. Graduate texts in mathematics* (Bd. 85). Berlin: Springer.

Kammeyer, K.-D. (2011). *Nachrichtenübertragung*. Wiesbaden: Vieweg+Teubner.

Kreß, D. (1977). *Theoretische Grundlagen der Signal- und Informationsübertragung*. Berlin: Akademie.

Kreß, D., & Kaufhold, B. (2010). *Signale und Systeme verstehen und vertiefen*. Wiesbaden: Vieweg+Teubner.

Lange, J., & Lange, T. (2019). *Fourier-Transformation zur Signal- und Systembeschreibung*. Wiesbaden: Springer Vieweg.

Osgood, B. (2014). Lecture notes for EE261: The Fourier transformation and its applications. Online document. https://see.stanford.edu/materials/lsoftaee261/book-fall-07.pdf. Zugegriffen: 17.Sept. 2018.

Papula, L. (2018). *Mathematik für Ingenieure und Naturwissenschaftler: Bd. 1. Ein Lehr- und Arbeitsbuch für das Grundstudium*. Wiesbaden: Springer Vieweg.

Wiener, N. (2009). *The Fourier integral and certain of its applications*. Cambridge: Mathematical Library.

© Springer Fachmedien Wiesbaden GmbH, ein Teil von Springer Nature 2019
J. Lange und T. Lange, *Mathematische Grundlagen der Digitalisierung*,
essentials, https://doi.org/10.1007/978-3-658-26686-8

Printed in the United States
By Bookmasters